石油钻井装备新技术及应用

李晓明　李联中　孟祥卿　乔建华　著

U0255196

中国石化出版社

内 容 提 要

本书详细介绍了近年来石油钻井行业出现的新技术、新装备及新工艺，同时系统介绍了相关技术参数、工作原理及现场应用情况，主要包括超深井钻机、五缸泥浆泵、管柱自动化系统、节能技术、安全环保装置等。

本书可供从事钻井装备设计、制造、现场管理和操作人员参考，也可供石油行业各级管理人员、技术培训人员及高等院校相关专业师生等阅读。

图书在版编目（CIP）数据

石油钻井装备新技术及应用 / 李晓明等著.—北京：
中国石化出版社，2022.6
ISBN 978-7-5114-6761-4

Ⅰ.①石… Ⅱ.①李… Ⅲ.①钻井设备-新技术应用
Ⅳ.①TE92

中国版本图书馆 CIP 数据核字（2022）第 104789 号

中国石化出版社出版发行

地址：北京市东城区安定门外大街 58 号
邮编：100011　电话：(010)57512500
发行部电话：(010)57512575
http://www.sinopec-press.com
E-mail：press@sinopec.com
北京富泰印刷有限责任公司印刷
全国各地新华书店经销
*
710×1000 毫米 16 开本 15 印张 350 千字
2022 年 6 月第 1 版　2022 年 6 月第 1 次印刷
定价：108.00 元

前 言

PREFACE

随着现阶段我国石油、天然气开发难度进一步加大，国内钻井市场中定向井、水平井、大位移井、超深井等井型已经越来越普遍，各种新式钻井工具、钻井工艺应运而生，这些钻井模式对石油钻机的技术性能提出了越来越高的要求。在这种背景下，对石油钻机智能化、自动化、信息化提出了更高的要求，一系列新技术、新装备、新工艺应运而生，在生产中得到了大量应用，为钻井技术持续创新提供了装备保障，增强了钻井安全、优化了钻井综合应用能力与管理水平，并提升了核心竞争力。然而这些新装备的技术资料大部分都没有得到有效的整理汇总和提升，如星辰大海般散落在各个角落。

为了各级设备管理人员，尤其是各级石油设备科研人员、各钻井公司现场设备管理人员更全面地了解石油钻井设备的新进展，及时掌握钻井设备发展新动态，提高各级设备管理人员的眼界、认知，作者编写了本书。本书系统总结了深井超深井钻机及其配套装备，主要包括管柱自动化、五缸泥浆泵、节能设备及安全环保技术等，重点介绍了深井、超深井钻井装备及其配套装备的研发思路及理念，进一步理清了这些装备技术在今后的发展方向及趋势。

本书在编写过程中，得到了胜利钻井工艺研究院、西安宝美电气有限公司、黑龙江景宏石油设备制造有限公司、四川宏华石油设备有限公司、东营市汉德自动化集成有限公司所提供的大量技术资料；在编写整理过程中，得到了胜利工程公司沙特、科威特项目部崔一雄、朱磊两位电气工程师的大力支持，并承担了大量的文字修饰工作，参考了各技术厂家技术资料和专业书籍，在此一并表示衷心的感谢！

本书所涉及的内容点多面广，由于作者学识有限，时间紧迫，书中难免有错误与疏漏之处，敬请各位读者批评指正。

目 录
CONTENTS

第 1 章

绪　论

自 2020 年 1 月份以来，新冠疫情肆虐全球，受多种因素影响，石油行业尤其是石油工程行业面临的生存环境日益恶劣，对石油钻井新装备、新技术、新工艺提出了更高的要求。本书将近几年石油行业应用的新技术、新科技、新装备进行了整理、总结提升，使人们充分了解到目前我国石油钻井装备的发展状况，起到提纲挈领的作用。

纵观我国石油装备的发展历史，大型石油钻井装备的研制自 20 世纪 60 年代开始，历经 60 年风雨。从研制方法来说，石油钻井装备先后经历了仿制、部分研制、自主研制到创新研制四个阶段；从技术路线而言，石油钻井装备从柴油机机械驱动起步，历经直流电驱动、机电复合驱动、交流变频电驱动直到目前的管柱自动化钻机，并经历了产品从小到大、系列化和多类型发展完善，才逐渐形成了当今全球制造规模最大、型号品种多样的产品发展格局，其中凝结了几代石油人的心血和智慧，一路走来实属不易。

但随着当前智能化钻井和智慧化油田等概念的诞生，石油钻井装备又开始面临一场新的革命。新的时代催生新的发展思路，石油行业目前面临新的压力和挑战，在此前提下，如何进一步提升石油钻井装备水平，进而开启智能化钻机发展时代，是我们这一代石油人必须要认真研究的一个重大课题。

为了促进石油钻井装备的发展，并为未来石油装备进步打下基础，本章将对国内外钻井装备的发展现状及国内与国外先进产品之间的主要技术差距等进行分析，讨论石油钻井装备发展面临的挑战与机遇，并就钻井装备今后的发展方向提出看法和建议。

1.1　国内外钻井装备发展现状

21 世纪以来，全球钻井装备可谓经历了一场翻天覆地的变化，尤其以电驱动替代传统柴油机驱动的电驱动钻机兴起并日趋成熟，迅速扩展成为主流产品，在各大油田得到了广泛应用。特别是近 10 年来，在电驱动钻机研究的基础上，大型钻机的移运技术、全液压驱动技术、钻机节能技术、绿色环保技术、钻机自动化智能化等各项技术的不断推广，再次为石油钻机的发展插上了腾飞的翅膀。

1.1.1　国外先进钻井装备技术现状

近年来，在世界石油钻井装备的发展方面，以部分欧洲国家和美国等为代表的发达国家充分利用自动化、信息化、数字化等技术手段，大力改进提升钻井装备技术性能，先后研制了形式多样、特色鲜明、性能优良的钻井装备，取得了良好的成效，有力地促进了全球钻井装备的技术进步。

德国海瑞克研制成功的 TI-350T 陆地全液压自动化钻机，最大钩载 3500kN，适应钻井深度可达到 5000m，已在我国川渝地区钻井现场应用了 5 年多，钻机自动化程度高，现场使用效果良好，其突出特点是通过在地面建立双立根钻柱模式，采用"门式"液压机械臂直接举升至钻台面，并通过液压顶驱配合铁钻工来完成接钻柱过程，无须配备常规的二层台装置，整个管柱的输送路线短，安全性好，省时省力，开创了钻机智能化、自动化运行的革命。

挪威 West Group 公司研制的 CMR 连续运动钻机，提升载荷达 7500kN，钻机的设计理念打破了传统思维，配备有独立建立根系统，钻柱可实现不间断连续运动，满足连续循环钻井工作需要，送钻效率快捷高效，该钻机起下钻速度比常规钻机提高了 30% 以上。

荷兰 Huisman 公司先后研制了 LOC 400 和 HM 150 两种高效自动化钻机。其中 LOC 400 钻机具有结构紧凑、体积小和搬家速度快等显著优点，整套钻机全部采用模块化设计，可拆分成 19 个可用标准 ISO 集装箱装运的模块，整套钻机运输单元少，运输快捷方便；HM 150 型钻机属于一款移动性很强的拖车式钻机，可在不同地点及多口井场之间实现快速移动，整套钻机配备有区域管理系统和安全联锁装置，可将反弹撞击的风险降至最低。

意大利 Drillmec 公司研制的 AHEAD375 自动化钻机，整套钻机采用液压控制驱动，钻机设计配套有独立建立根系统，可实现管柱全流程自动化操作，具有管柱运送平稳、各操作设备动作衔接准确、快捷等特点。

挪威油井系统技术集团在 2010 年提出了一种能够实现连续起下钻及连续循环的新型自动钻机（Continuous Motion Rig，简称 CMR），并于 2015 年投入现场使用。该钻机的主要特点为：具备双提升系统及自动化管柱处理系统，双提升系统是实现连续起下钻与连续循环的核心，两套提升系统都具备钻井液流通通道。高位提升系统利用顶驱的 IBOP 来实现钻井液的通断，低位提升系统的钻井液切换装置设有 3 个闸板腔体，通过闸板间的相互切换可实现钻井液通道的转换，低位提升系统还将上卸扣装置、卡瓦、旋转装置和提升单元等功能部件集为一体。高位提升系统与低位提升系统按次序交替工作，可实现连续起下钻和连续循环作业。

美国斯伦贝谢公司最新研制了一款名为 FUTURE RIG 的未来智能型石油钻机。该钻机设计功率为 1103kW，钻井深度为 5000m，其操控系统设置有两个前后错位排放、高低位分别布局的主、辅司钻操作台。钻机二层台配备有多部机械手，司钻系统内置各种传感器超过 1000 个，主要对钻机安全状态、设备健康状态、设备运行状态和作业流程等进行全方位监测。该公司还研制出了"DrillPlan"平台，以实现整套钻机的虚拟数字化控制，设计理念超前。

1.1.2 国内先进钻井装备技术现状

我国在先进钻井装备技术研发方面，通过不断努力追赶，先后在管柱自动化技术、钻机移运技术、司钻集成控制技术、超深井钻机技术、高压喷射钻井技术、特殊地域和气候条件下需要的钻机技术研究方面也有了长足进步，主要表现在以下几个方面。

（1）超深井四单根立柱钻机技术

近年来，围绕新疆库车山前特殊地质地貌特征，我国已先后为新疆塔里木地区研制出钻深能力分别为 9000m 和 8000m 的超深井四单根立柱两种不同型号的石油钻机。其中，ZJ90DBS 四单根立柱钻机于 2012 年研制成功，并一直在新疆塔里木油田实施钻探作业，目前已完成 7 口超深井作业，平均钻井深度超过7300m，累计进尺超过 51200m；ZJ80DBS 四单根立柱钻机重点围绕小钻柱排放技术难题，开发了推扶小钻具三单根立柱和复合式（悬持+推扶）大钻具四单根立柱的立柱组合排放技术，并于 2020 年 2 月开始在新疆塔里木地区开展工业性试验，目前已进入三开作业，现场应用表明，钻机综合提效超过 15%，钻井周期缩短 6%。

（2）系列管柱自动化石油钻机技术

在中国石油、中国石化及相关制造机构科研院所的努力下，国内目前已经完成了第一代 ZJ50DB、ZJ70DB、ZJ80DB 和 ZJ90DB 系列自动化钻机及其管柱自动化技术的前期研制，并在现场推广应用了 100 多套，其技术特点主要表现为钻机配备有自动化的动力猫道、钻台机械手、铁钻工及电动二层台机械手等各种自动化设备，基本替代了繁重的人力作业，实现了二层台高位无人值守、减人增效，确保了现场操作的安全。正在研制的第二代 ZJ70DB 自动化钻机凸显了"一键联动"、图像识别及独立建立根和远程在线监测等关键技术，有望于近期完成制造和工厂内部试验。

（3）超长单根和双单根立柱自动化钻机

2018 年，宝石机械为大庆钻探公司研制了一款 ZJ30DB 交流变频超长单根自动化钻机。该钻机设计钻深能力 3000m，目前已完成 30 多口井的钻井作业，钻机的控制自动化和操作安全性等获得了油田现场使用者的高度评价。该钻机在结构设计方面的突出优点是无二层台装置，无立根排放系统，超长钻杆的输送通过旋转机械臂从低位直接抓举输送至钻台面，交给顶驱后由铁钻工来完成上卸扣作业。除此之外，该钻机还配套了国产的直驱顶驱、直驱钻井泵和直驱绞车等关键装备，确保整套钻机操作过程简单、高效。另外，根据市场发展需要，目前宝石机械又开始进行适合中深井使用的双单根立柱钻机的设计研发工作，其中已开发的 ZJ40DT 钻机配备有双单根立柱排放系统，主机采用轮式拖挂移运结构，目前已完成产品试制，准备发往油田进行工业性试验。

（4）高压力大排量钻井泵技术

随着喷射钻井、水平钻井、海洋钻井和复杂难钻井等钻井工艺的发展变化，四川宏华、宝石机械等公司率先推出了功率级别为 1600、2400 和 3000hp（1hp = 745.6999W）系列五缸高压力大排量钻井泵。与同型号的三缸钻井泵相比，不仅泵组的体积减小 20% 以上，而且输出排量比三缸泵提升 30% 以上，排出压力波动仅为三缸泵的 1/3，不均匀度约为 7%，产品可靠性明显得到提高，总体性能先进，可靠度高。

（5）钻机大吨位直立移运技术

根据中东地区沙漠特殊作业环境需要，国内宝石机械和四川宏华集团等企业先后为阿联酋和科威特等地区成功研制了钻深能力 5000~9000m 范围的各型号大模块轮式移运拖挂钻机，其中为阿联酋国家研制的 ZJ50DBT 和 ZI70DBT 两种轮式拖挂钻机具有多种移运组合模式，尤其近距离搬家可实现主机直立移运，节省了大量搬家安装时间；同时，为科威特研制的 ZI70DBT 轮式拖挂钻机不仅满足直立移运，还可实现井架的弯折功能，可以有效避开高空高压线等障碍物，使其整体通过性更好，移动范围更加广阔。

（6）丛式井轨道式极地钻机技术

近年来，宝石机械和四川宏华等先后针对俄罗斯极寒冷地区研制了多种低温钻机。其中钻深能力 7000m 的低温列车 ZI70DB 轨道式钻机，主体采用高强度抗低温耐韧性材料，钻机整体安装在列车导轨上，钻机下方配有钢制滚动轮，与钻机整体呈一字形排列，更换井位时只需通过固定于导轨上的油缸拉动来实现整套钻机的移动，非常方便。另外，为了保温，在钻台面下方、电控房、泵房和固控区等采用全封闭式结构，房体内配有锅炉和电热器等加热设施，钻台面四周设有挡风墙等，可以满足 -45℃ 极地环境下的作业要求和 -60℃ 环境下的设备存储要求。该型钻机已通过俄罗斯北极地区冬季严寒天气的考验，其设计性能完全满足极地环境工作要求。

1.2 钻井装备发展面临的挑战与需求

近年来，我国在钻井装备研究方面取得了长足进步，主要表现在大型装备集成配套技术、钻机自动化研发技术、钻机搬家快速移运技术及超深井装备研究技术等方面，但认真分析对比可知，我国在产品设计理念、产品配套技术能力及卡脖子核心技术研究方面与国外还存在较大差距，需要不断加大研究力度，力争早日实现突破。

1.2.1　钻井工具的研发工作需要不断加强

以美国斯伦贝谢和哈利伯顿等公司为代表，其先进钻井技术长期引领着世界钻井技术的发展潮流，尤其表现在高性能钻头、随钻测量、扭转冲击、减振增压以及垂宜钻井等井下产品和技术方面。近年来我国在这方面虽然也做了相应的技术研究，先后研制了部分产品，但就产品性能、产品品种和产品规格等方面与国外还存在较大差距。

1.2.2　自动化产品的应用研究仍需要深化

我国虽然已经研制并成功应用了具有双司钻集成控制、基于模拟人工操作形式的管柱自动化石油钻机，但与国外同类产品相比，创造性成果较少，结构形式单一，系统集成水平不够，稳定性和可靠性差，仍需在结构创新和优化提升方面加大力度。

1.2.3　智能化钻井技术研究需要加快速度

西方发达国家起步较早，早已着手智能化技术在钻井装备方面的研究与实践。相比较，我国起步较晚，虽然国内已有部分科研院所和高等院校等着手这方面的技术研究工作，并建立了必要的理论基础，但距实际应用还有较长距离，应加快该项工作的研发进程，力争早日推出样机并开展现场试验及应用。

1.2.4　核心元器件研发工作需要强力推进

核心关键配套元器件与国外差距较大，已成为制约国内钻井装备发展的瓶颈，尤其涉及钻机配套必需的柴油发电机组、变频器、液压和电器控制元件以及高压密封器件等卡脖子技术，需要发挥各个行业的优势，举国之力开展重点技术攻关，特别在产品可靠性、安全性和耐久性方面需要不断提升，力争在较短时间内取得突破性进展，大力支撑国产装备健康发展。

1.3　未来展望

结合当前国际油气行业总体发展形势和我国宏观经济对油气勘探开发的发展需要，预计未来石油钻井装备将朝以下几个方向发展。

1.3.1　常规装备将逐渐向标准化方向发展

按照钻机设计制造的机械化、标准化、信息化、专业化的目标，推广钻机结构型式的规范化、配套内容的标准化等，既满足了产品规模化发展的需要，同时也给装备企业和钻探公司带来了效益。一方面，装备企业达到了一次性设计、统一配料、批量连续投产的目的；另一方面，由于产品互换性和通用性的增强，也为各钻探公司装备的搬家、安装和维修等带来了诸多便利。应持续加大该项工作的推进力度，节约资源，降本增效。

1.3.2　将向深井、特深井方向发展

为了解决经济快速增长和陆地已勘探开发油气资源不足的矛盾，人们必须在特殊区域、更深层次的地域进行勘探开发作业。目前新疆地区由胜利塔里木公司施工的顺北 1 井井深 9090m，已经完钻；《石油人》2020 年 5 月 21 日报道，哈里波顿公司在俄罗斯 Sakhalin 实现了总进尺 14600m 的世界最深新纪录井的完钻，这些案例更加坚定了国内石油钻探企业加强大型化特深井钻井研究的信心和决心，预计未来几年，石油装备向超深井和特深井发展会成为必然趋势。这就需要科研人员提前做好调研分析工作，并将其作为当前和今后一段时间的重点攻关工作。

1.3.3　向特殊地层地貌发展必将加快速度

随着常规地层油气当量的不断减少，钻井会逐渐向高原、高山、沼泽等特殊地貌和高温、高压、复杂地质构造区域发展延伸，这必然需要与其运输条件和特殊地层钻探要求相匹配的钻井装备，所以研究和开发适应不同区域和地层钻探要求的钻井装备，必将成为今后装备发展的一个新目标和方向。

1.3.4　零排放、无污染，保护大气、节约水、土资源

随着全球工业化进程的不断加快，空气、水土、森林资源等都遭受到不同程度的破坏，当前全球面临着改善和保护地球生态系统的压力，对作为大型工业设备的陆地石油钻机提出了更高的要求。钻台面、泥浆泵、泥浆罐等部位泄漏的泥浆，柴油发电房泄漏的柴油，各液压设备和液压管线连接处泄漏的液压油，柴油发电机发出的噪声和排放的气体，都是污染大气、水、土资源的罪魁祸首。各钻井公司对此也提出了相应的要求，如泥浆、柴油零排放，柴油机静音房等。针对液压系统的漏油，一方面要求钻机设备供应商优化液压系统，另一方面也在积极寻找液压系统的替代方案，如液压猫道优化为电动猫道，液压驱动的二层台排管机改为伺服电机驱动等等。鉴于国家在绿色环保方面出台的多项政策限制，未来石油钻采装备向绿色、环保、节能、轻量化、节约资源等方向发展将成为主流。

1.3.5　自动化、智能化

随着技术进步和解放人工劳动的发展需要及互联网、大数据、信息化、数字化等技术的突飞猛进，各行各业都在追求不断向现代化迈进，油气装备向全自动

化、智能化发展的时代已经开启，并将成为今后各大装备企业追求的必然目标。对于长期坚守在野外艰苦危险工作环境、主要依靠人力为主的石油行业而言，加快钻井装备智能化发展问题亟待解决。第一步，以现有国外自动化钻机为蓝本，研究出具有中国技术特色的"半自动智能钻机"，使钻机各单体设备达到行业的先进水平。这一步的主要工作是按照智能钻机的总体目标，研究出功能完善、运行可靠、可实现自动化、集成化操作的各种设备和工具(包括自动排管机、自动猫道机、全自动铁钻工、多功能顶驱、动力卡瓦以及动力吊卡等自动化设备)；第二步，在第一步的基础上研究出符合国际通行智能设备定义的全自动智能钻机。在第一步的目标实现后，对自动化钻机进行智能化升级改造，这一时期的主要工作是完成钻机应用软件的开发，提高钻机的"智力"水平，让自动化智能钻机具备逻辑分析能力，在面对各种复杂工况时具有适应性和自动调整能力，以实现真正的智能钻机或聪明钻机、机器人钻机，实现像汽车工厂里的机器人一样全自动作业。

1.3.6　高效率、不间断作业

油气开采的费用通常以日为单位计算，因设备故障、安全事故等引起停机是尤其要注意避免的，而传统钻机的低效率作业也增加了不少的费用。现在部分公司提出了 2000hp 及以上的钻机起下钻速度需大于 900m/h，1500hp/1000hp 钻机需大于 600m/h 的要求。这不仅要求钻机品质过硬，保证使用过程中不出故障，对钻机的钻进模式都要求打破传统思路，需要非常大胆创新的解决方案。更有甚者要求不间断作业(接单根时也不停止打钻)，目前比较先进的可离线作业的钻机都无法满足这样苛刻的要求，需要向增加连续作业设备方面考虑。这不仅要求油气开采商和设备制造商重新审视钻机循环钻进的流程，更重要的是需要向前迈进一大步去优化钻进模式，以适应未来高效率、不间断作业的发展方向。

1.3.7　结论

国外全液压自动化钻机、连续运动钻机、快速搬迁移运钻机、自动化智能化钻机等先进钻井装备技术现状与我国在自动化、快速移运、深井超深井及超低温作业环境钻井装备现状分析及研究成果对比表明，我国石油钻井装备主要在钻井工具的配套研发、自动化产品应用研究、智能化钻井技术及钻井装备核心元器件研发等方面与西方发达国家还有较大的差距。下一步我国应在稳步提高钻机经济性、可靠性的基础上，首先研究出具有中国技术特色的"半自动智能钻机"，使钻机各单体设备达到行业先进水平，然后进行钻机应用软件开发，提高钻机的"智力"水平，让自动化智能钻机具备逻辑分析能力，在面对各种复杂工况时具有适应性和自动调整能力，以实现石油钻机的真正智能化。

参 考 文 献

[1] 熊倩. 德国海瑞克推出新型全液压智能钻机[EB/OL]. (2011-07-19)[2020-06-16]. ht-tp://www.cheml7.com/company_new.
XIONG Q. Germany Herrenknecht develop a new hydraulic intelligent drilling rig[EB/OL]. Chemical Instrument Network. www.chemi7.com/company_ new.

[2] 大港油田集团钻采工艺研究院. 国内外钻井与采油设备新技术[M]. 北京：中国石化出版社, 2005：3-21.
Production Technology Research Institute of Dagang Oilfield Group. New technology of drilling and production equipment domestic and international[M]. Beijing：China Petrochemical Press, 2005：3-21.

[3] 曹煜. 钻机信息化概述[J]. 石油工业计算机应用, 2018, 26(1)：55-57. CAO Y. A survey of drilling rig information[J]. Computer Applications of Petroleum, 2018, 26(1)：55-57.

[4] 徐小鹏, 王定亚, 邓勇, 等. 四单根立柱钻机关键技术研究与提效分析[J]. 石油机械, 2018, 46(12)：17-23.
XUXP, WANG D Y, DENG Y, et al. Key technologies and efficiency improvement analysis of four-jointstand drilling rig[J]. China Petroleum Machinery, 2018, 46(12)：17-23.

[5] 祝贺, 王定亚, 张强, 等. 三点扶持式小钻具四单根立柱的管柱自动化处理装置：2017206970852[P]. 2017-06-15.
ZHU H, WANG D Y, ZHANG Q, et al. Three-pointsupport small drilling tool four-joint column automaticpipe string processing device：2017206970852[P]. 2017-06-15.

[6] 王定亚, 等. 陆地石油钻井装备技术现状及发展方向探讨. 石油机械, 2021, 49(1)：47-52.

[7] 杨欢, 赵振方, 等. 陆地石油钻机现状分析与发展趋势预测[J]. 勘探开发, 2019(9)：145-146.

第 2 章

超深井钻机技术及其应用

自 1860 年世界第一台液压缸支撑式近代工业钻机诞生以来，石油钻机已历经百年，成为石油天然气勘探开发的重要装备之一。石油工业界对钻机的等级标定大致分为两类：一类以中国和俄罗斯为代表，按载特定钻杆的情况下钻机实际能向地下钻多少米深度来标定；另一类以美国、挪威为代表，是以钻机绞车输入功率大小来标定。石油钻井工程中把完钻井深 4500~6000m 的井称之为深井，完钻井深 6000m 以上的井称之为超深井，7000m 以上钻机作为超大功率钻机也称超深井钻机。

随着现代工业快速发展的现实能源需求不断旺盛，浅井和深井油气资源渐渐消耗殆尽，迫使全球石油天然气开采向陆地深井、环境恶劣地区、偏远地区和海洋地区延伸，勘探开发的难度不断加大。据 2016 年自然资源部报告显示，我国石油天然气潜在资源量为 1257 亿吨，可开采资源总量目前预测为 301 亿吨，其中可开采资源中已发现和探明 115 亿吨左右，约占可采石油资源的 39%，其他待探明的可采油气资源主要分布在西部地区，包括塔里木、准噶尔、柴达木、吐哈四个盆地。西部油气开发已成为我国油气资源勘探的主要接替区和国家能源战略安全的重要支撑。西部地区尤其是塔里木和准噶尔地区，待探油气资源具有埋藏深(7000~9000m)、地质结构复杂多变、下套管层数多、钩载大等特点，常规 7000m 钻机最大钩载 4500kN，连续下套管钩载 3600kN，ZJ70 钻机承载能力已无法满足该地区钻井工艺要求。因此，超深井钻机成为不可缺少的钻井装备。与此同时，东部老油田"稳定产能，提高采收率"和滩海石油勘探开发"海油陆采"也需要超深井钻机采取大位移井和水平井技术，保障施工安全，提高勘探能力，降低生产成本。在此背景下，超深井钻机需求呈现出广阔的市场前景。

与常规钻机相较，超深井钻机的研制涉及诸多学科和工业领域，对特种材料、生产工艺、工程设计和计算机仿真等工业系统水平和配套能力提出了新的要求。国外超深井电驱动钻机始于 20 世纪 80 年代，美国 NOV 公司、VACRO 公司和 IDECO 公司等都已形成 7000m 以上成套超深井钻机的生产能力，并在一段时期几乎占领了全世界超深井钻机市场。我国超深井钻机的研发起步晚但发展很快，2005 年年底，我国首台 9000m 交流变频超深井钻机由宝鸡石油机械有限责任公司研制开发并通过专家评审验收。2007 年研制成功首台陆用 12000m 交流变频钻机。2012 年为塔里木油田山前作业区等特殊区域打造 8000m 变频钻机生产下线。2014 年直流驱动超深井钻机在兰石设计完成。截至目前，我国超深井钻机已远销巴基斯坦、美国、俄罗斯和中东等多个国家或地区。

2.1　ZJ90/6750DB 超深井钻机

我国首台 ZJ90/6750DB 钻机于 2002 年 1 月获国家发改委"十五"国家重大技术装备研制立项，2004 年 12 月 9000m 钻机总体方案通过专家审核，2005 年 11 月宝鸡石油机械有限公司试制成功并交付使用。

2.1.1　ZJ90/6750DB 的主要技术参数

名义钻深：9000m；

最大钩载：6750kN；

最大钻柱重力：3250kN；

井架型式及有效高度："K"型，48m；

底座型式：旋升式；

钻台高度：12m；

转盘梁底面高度：10m；

绞车额定功率：2940kW（4000hp）；

绞车挡数：I+IR 交流变频驱动，无级调速；

提升系统绳系：7×8；

钻井钢丝绳直径：45mm（1¾ft）；

提升系统滑轮外径：1524mm（60ft）；

水龙头中心管通径：102mm；

转盘开口名义直径：952.5mm（37½ft）；

转盘挡数：I+IR 交流变频电动机单独驱动，无级调速；

钻井泵型号及台数：F—1600HL、2 台，F—2200HL、1 台；

动力传动方式：绞车及转盘为 AC—DC—AC 传动，3 台钻井泵为 AC—SCR—DC 传动；

柴油发电机组：CAT3512B/SR4B，5 台×1900kV·A；

自动送钻系统：变频电动机 400V 2 台×30kW（连续），送钻最低速度：0.1m/h；

高压管汇：102mm×70MPa。

2.1.2　ZJ90/6750DB 总体技术方案

ZJ90/6750DB 钻机采用交流和直流复合驱动方式，即绞车转盘为交流变频驱动，钻井泵为直流 SCR 驱动。钻机采用 5 台 1900kVA 柴油发电机组作为主动力，发出的 600V、50Hz 交流电经变频单元(VFD)变为 0~140Hz 交流电，分别驱动绞车、转盘交流变频电动机。转盘采用独立驱动方式，由 1 台 800kW 的交流变频电动机通过齿轮减速箱驱动。绞车是单轴绞车，由 4 台 800kW、0~2800r/min 的交流变频电动机驱动，经 2 台 2 级斜齿轮减速箱减速后，驱动绞车滚筒；绞车配有 2 套输入功率为 37kW 自动送钻装置，与主电动机相结合实现钻井全过程自动送钻；绞车安装在底座后台，实现了低位安装，低位工作，方便吊装和维护；绞车刹车采用液压盘式刹车与电动机能耗制动相组合的刹车方式。

钻井泵由直流电驱动。柴油发电机组发出的 600V、50Hz 交流电经交流柜、SCR 柜整流后变为 0~750V 直流电，再经直流电动机驱动 2 台 F—1600HL 高压钻井泵和 1 台 F—2200HL 高压钻井泵，每台钻井泵各由 2 台 800kW 直流电动机驱动。

钻机游动系统为 7×8 结构，采用直径为 45mm、结构为 6×21S+IWRC+EIPS 的钻井钢丝绳，顺穿绳方式，提升设备最大载荷能力至 6750kN。钻机配置集电、液、气控、显示、监视、通讯、人机界面(触摸屏)一体化设计的司钻控制房，司钻坐在控制房可对钻机实现全面监控。井架为前开口型。

底座为新型旋升式结构，不但实现了井架、钻台构件及包括司钻控制房、司钻偏房在内的全部钻台面设备的低位安装、整体起升，还实现了井架支脚及绞车均布置在低位，这样底座起升载荷小，降低了底座起升风险，同时增加了井架及底座的整体稳定性。

2.1.3　ZJ90/6750DB 关键技术创新

ZJ90/6750DB 是在借鉴同期国内外钻机研制经验，特别是深井钻机发展水平基础上，具有自主知识产权的国内首台 9000m 超深井钻机，适用于井深 9000m 以下的油气井勘探开发。其关键创新点主要表现在以下 10 个方面：

（1）钻机的总体方案和结构型式有较大突破。

该钻机采用绞车转盘交流驱动和泥浆泵直流驱动的复合驱动方式。

（2）2940kW 超大功率绞车设计。

绞车设计解决了超大功率动力驱动匹配、高速大功率齿轮箱研制以及超大尺寸滚筒整体绳槽加工等关键技术和工艺问题。新绞车采用齿轮传动单滚筒结构，一档无级调速。主刹车为液压盘式刹车，辅助刹车为电机能耗制动，能通过计算机定量控制制动扭矩大小，绞车操控简单、方便。新绞车既可作为一体运输又可拆分为三个独立模块分体运输，并实现低位安装和低位工作。配有 2 台独立自动送钻电机，可实现恒压、恒速自动送钻。

（3）创新井架和底座设计。

钻机井架为"K"型结构，有效高度 48m，钻台面高度 12m。钻机底座结构为旋升式结构，井架和所有台面设备均低位安装。利用绞车动力，首先将井架起升到位，然后再利用绞车动力将底座及台面设备整体起升到位。

（4）重型悬吊系统研发。

在国内钻机配套部件中，重型天车、游车和吊环首次严格按API8C规范进行设计制造，并通过优化设计，在满足重载要求的同时尽量减轻了重量。

（5）转盘系统强化设计。

研发P375Z转盘既能达到ZP495转盘的承载和传递能力，也可与普通ZP375转盘互换。转盘齿轮箱下沉在钻台面下方，独立变频电机经万向轴通过整体式一级齿轮箱驱动转盘，使钻台面平整方便施工作业。

（6）钻机抗低温性能进一步提高。

通过保温和对主承载件材料采取耐低温钢等措施，钻机正常作业环境温度在国内首次达到零下40℃。

（7）全数字化交直流控制技术。

通过电传动系统PLC和DP总线通信技术进行绞车、转盘和泥浆泵的快速数据交换，实现绞车四台变频电机同步运转以及无冲击的切入切出控制、转盘运行、能耗制动控制、泥浆泵启停控制、主电机及送钻电机自动送钻控制，可满足全井深不同工况要求。

（8）气、电、液钻井仪表一体化设计。

钻机配备有独立的司钻控制房，内部集气、电、液、钻井仪表参数的一体化设计，使得操作人员可以很方便地实现钻机控制和各工况实时监控，还可实现钻井数据的储存、打印和远程传输等。

（9）MCC供电出线方式更合理。

MCC的供电接插件采用侧出方式，到固控区的供电及控制电缆可从VFD2房侧面的接线窗口直接进入去固控的电缆槽，侧出设计使固控接线方便，主电缆槽内电缆空间布局合理。

（10）四级大容量钻井液固控系统。

净化设备集中安装，罐面清爽、干净、整洁。

（11）悬吊游动安全进一步提升。

钻机采用先进的电子防碰装置和防碰过圈阀、重锤式防碰阀等组成防碰网络，可有效防止上碰天车、下砸转盘事故的发生。

2.2 ZJ120/9000DB 超深井钻机

9000m超深井变频钻机的成功研发标志着我国已掌握大功率交流变频控制系统、大功率齿轮传动单轴绞车、大功率高压钻井泵及大负荷井架底座等关键部件的技术难点，为后续万米钻机的研发奠定了坚实基础。2006年初国家科技部将

12000m 钻机研制工作列为 863 计划，项目的立项论证工作开始启动；2007 年 11，中国首台具有自主知识产权的 12000m 特深井石油钻机在宝鸡石油机械有限责任公司研制成功。

2.2.1 钻机主要技术参数

名义钻深：12000m；

最大钩载：9000kN；

最大钻柱重力：4350kN；

井架型式及有效高度："K"型，52m；

底座型式：旋升式；

钻台高度：12m；

绞车额定功率：4410kW（6000hp）；

绞车挡数：一正一反交流变频驱动，无级调速；

提升系统绳系：7×8；

钻井钢丝绳直径：48mm（1¾ft）；

最大快绳拉力：850kN；

转盘开口名义直径：1257mm；

转盘挡数：I+IR 交流变频电动机单独驱动，无级调速；

钻井泵型号及台数：F-2200HL 52MP 3 台；

动力传动方式：AC—DC—AC 传动；

柴油发电机组：CAT3512B/SR4B，5 台×1714kV·A；

自动送钻系统：变频电动机 400V 2 台×37kW（连续），自动送钻钩速范围：0~0.01m/s；

高压管汇：102mm×105MPa。

2.2.2 ZJ120/9000DB 钻机总体技术方案

ZJ120/9000DB 钻机采用交流变频驱动方式，3512B 柴油发电机组发出的 600V、50Hz 交流电经 S120 整流和逆变单元变为 0~140Hz 交流电分别驱动绞车、转盘、泥浆泵交流变频电动机。

绞车由四台 1100kW 高速交流变频电机从滚筒轴的左右两端通过两个齿轮减速箱驱动滚筒，形成电动机外置与滚筒一体化的单轴绞车型式，四台电动机之间采用"主-从"逻辑控制实现多电动机转矩平衡。绞车主刹车采用液压盘式刹车，辅助刹车采用电机能耗制动，如图 2-1 所示。绞车配有 2 套输入功率为 37kW 自动送钻装置，与主电动机相结合实现钻井全过程自动送。

三台工作压力 52MPa F-2200HL 泥浆泵，每台由两台 900kW 交流变频电机驱动。

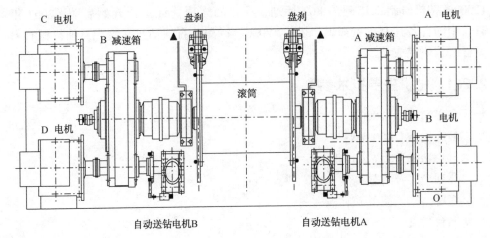

图 2-1　6000hp 绞车传动方案

　　钻机游动系统为 7×8 结构，采用直径为 48mm、顺穿绳方式，提升设备最大载荷能力为 9750kN。井架为井架支脚地位布置的 K（前开口）型，有效高度为 52m。底座为旋升式结构。

　　钻机电传控制系统采用西门子 S7—400H 可编程逻辑控制器，具有双冗余控制和完善的保护功能，配置集电、液、气控、显示、监视、通信、人机界面（触摸屏）一体化设计的司钻控制房，司钻坐在控制房可对钻机实现全面监控。

2.2.3　ZJ120/9000DB 钻机关键技术创新

　　ZJ120/9000DB 从总体方案到钻机传动系统、提升系统、旋转系统、循环系统和辅助配套系统均有重大突破，具有我国自主知识产权。美国 20 世纪 80 年代一台 12000m 模拟控制的直流电驱动钻机与其比较，无论是系统配置、技术参数还是操控性能都相差甚远。

　　（1）钻机整体采用交流变频驱动技术

　　与 9000m 交流变频钻机复合驱动方式相较，ZJ120/9000DB 钻机绞车、转盘、泥浆泵均采用交流变频电机驱动，具有效率高，控制精确、动态响应快、节能减排的优点。

　　（2）6000hp 大功率绞车设计

　　大功率绞车为单轴结构，四台 1100kW 绞车电动机分别经 2 台一级高速大功率齿轮箱减速后驱动绞车滚筒。滚筒直径和长度达 1320mm 和 2305mm，为整体开槽分瓣焊接结构，对轮毂侧板进行了特殊热处理。在左、右 2 台齿轮箱前部，对称布置 2 台 37kW 交流变频电动机驱动的直角减速箱，绞车可实现主电动机或自动送钻电机恒压、恒速送钻功能。刹车采用超大型液压盘式刹车与电动机能耗制动相结合方式。此外 6000hp 绞车既可作为一个整体单元独立运输，又可分为 3 个独立模块，拆分后最大单元质量不超过 45t，搬家拆装运输方便，不需要找正。

（3）新型绞车换挡机构的设计

换挡机构摒弃传统手动或气动换挡方式，采用压缩空气作为动力，通过 PLC 程序控制绞车电磁阀组换挡和锁挡，行程检测装置检测并反馈信号给 PLC，PLC 检测到此信号给出控制指令。新换挡机构动作灵敏、准确和可靠，并可保证多套该机构用于石油钻机绞车中时，实现功能互锁，保障设备运行安全。

（4）大功率变频电机设计

新型 1100kW 变频电动机采用机壳结构，是国内第 1 台针对石油钻井绞车研发的专用电动机。通过转轴、轴承、接线排、绝缘材料等材料优选和定转子内部结构优化，具有低温性能好、大扭矩、机械过载倍数大、宽恒功比等优点，此外电动机绕组及传动端轴承的检测技术和轴电流绝缘轴承应用增项了电动机的运行保护。

（5）井架底座承载能力大

钻机井架为"K"型结构，有效高度 52m，最大静钩载为 9000kN，额定立根载荷为 4350kN，最大转盘梁载荷为 9000kN。主体构件材料选取低合金高强度结构钢 Q420，具有强度高、韧性好、低温环境下抗冲击性能好、焊接性能好等特点。井架立柱采用承载能力较强的宽翼缘 H 型钢，并通过井架侧面桁格布置和背横梁的约束，实现立柱 2 个方向结构等强，增强了承载能力。井架人字架首次采用桁架结构，液压起升式。底座结构为旋升式结构，井架和所有台面设备均低位安装。利用绞车动力，首先将井架起升到位，然后再利用绞车动力将底座及台面设备整体起升到位。

（6）自主研制 F-2200HL 高压钻井泵

F-2200HL 高压钻井泵采用新型"L 型"液力端、立式吸入空气包等技术，最大工作压力可达 52MPa，最大排量 77.65L/s。同时更改材料配方、改变热处理工艺以及结构等措施提高了缸套、活塞等易损件的工作寿命和耐压等级。

（7）SL675 重型水龙头研发。

SL675 水龙头选取可承受大轴向拉力载荷的重型推力滚子轴承，其安装平面、安装位置及配合精度等方面也进行了综合性结构优化设计，确保承载能力达 6750kN。水龙头冲管除盘根材料配比选型不同外，结构采用 Y 型液封盘根，冲管随中心管一起旋转，可快卸结构实现了快速拆卸，有效保证了密封效果，提高了密封件的使用寿命。除此之外，还设计完成承载能力 72t 的死绳固定器与之配套。

（8）重型转盘 ZP495 的开发。

ZP495 通孔直径 1257.3mm，最大静载荷 9000kN，最大扭矩 64400N·m，最高工作转速 300r/min。底座是由高强度的钢板与铸钢件壳体焊接构成的箱体结构，内部钢板增加支撑，整体强度高，刚度大。该设计解决了大型弧齿锥齿轮的加工技术难点。重新设计转盘润滑系统，确保齿轮润滑和润滑油流动散热效果。

转台与底座之间的动密封采用 2 道迷宫盘密封，内侧密封槽内钻有回流孔。首创性地设计出了整体式补心，优化了主补心的内腔结构，并可充分利用传统系列转盘的各种补心。

(9) 控制系统冗余设计。

控制核心采用双 CPU S7-400H "热备份" 模式冗余设计，在发故障时，无扰动地自动切换。无故障时两个子单元都处于运行状态，如果发生故障，正常工作的子单元能独立地完成整个过程的控制。

12000m 特深井石油钻机的研制成功，将把我国陆地和海洋深水油气田、大位移井及其他复杂油气田超深油气藏的勘探开发水平提高到一个新的层次，并将极大地提升我国石油钻井队伍在国际油气勘探市场的竞争力。

2.3 ZJ80_5850D 超深井钻机

ZJ80_5850D 超深井钻机是一款针对塔里木油田库车山前地区油气层勘探开发需求的直流调速钻机，相较 ZJ70 和 ZJ90 钻机具有钻深能力强、承载能力大、钻井成本更低的特点，能够很好地满足此地区生产经营降本增效的需求。

2.3.1 ZJ80_5850D 钻机主要技术参数

名义钻深：8000m；

最大钩载：5850kN；

最大钻柱重量：2880kN；

井架型式及有效高度："K"型，46m；

底座型式：旋升式；

钻台高度：10.5m；

绞车额定功率：2210kW(3000hp)；

绞车挡数：四正二反直流驱动，无级调速；

提升系统绳系：7×8；

钻井钢丝绳直径：42mm (1⅝ft)；

最大快绳拉力：553kN；

转盘开口名义直径：Φ952.5mm；

转盘挡数：两正两反直流驱动，无级调速；

钻井泵型号及台数：F—1600HL 52MP 3 台；

动力传动方式：AC—SCR—DC 传动；

柴油发电机组：济柴 1100GF8，5 台×1750kV·A；

自动送钻系统：变频电动机 400V 1 台×45kW(连续)。

2.3.2 ZJ80_5850D 钻机总体技术方案

ZJ80_5850D 钻机采用 AC-SCR-DC 直流驱动方式，1100GF8 柴油发电机组发出的 600V、50Hz 交流电经可控硅整流变为 0-750V 直流电，分别驱动绞车、转盘、泥浆泵直流电动机，如图 2-2 所示。

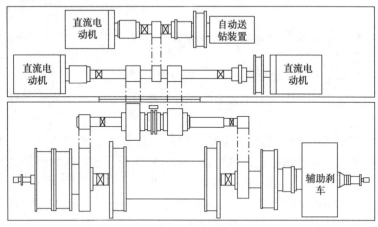

图 2-2　3000hp 绞车传动方案

绞车额定输入功率 3000hp，最大钩速 1.5m/s，共设 4 个挡位，主动力由 3 台 800kW 直流电动机提供，通过链条箱变速后驱动滚筒轴。绞车主刹车采用液压盘式刹车，辅助刹车采用水冷电磁涡流刹车。绞车后部由一台 45kW 交流变频电机驱动自动送钻减速器，经气胎离合器带动输入轴，经中间轴驱动滚筒轴。自动送钻与绞车主动力共用 1 个动力输出通道。

三台工作压力 52MPa F-1600HL 泥浆泵，每台由两台 YZ08 系列 800kW 直流电机驱动。

钻机游动系统为 7×8 结构，采用直径为 42mm 钢丝绳、顺穿绳方式，提升设备最大载荷能力为 5850kN。井架为井架支脚地位布置的 K(前开口)型，有效高度为 46m。底座为旋升式结构。游吊系统配备重承载能力 YC585 游车、DG675 大钩及 SL675 两用水龙头。

ZP375Z 加强型转盘，其锥齿轮表面进行强化处理，齿面耐磨性强，承载能力更大。

司钻控制房配置集电、气、液、钻井仪表参数的一体化设计，设有钻井仪表、CCTV 闭路监视系统、故障诊断及报警系统。电控系统配备谐波抑制及功率因数补偿房，钻机功率因数可达到 0.95 以上。

2.4　ZJ80_5850D 钻机特点

ZJ80/5850D 直流电驱动钻机是为满足特殊地区钻采地层深处油气资源的需

要而发展起来的一种超深井钻机。它具有以下几个特点：

（1）绞车采用 3 台直流电机作为主动力，共设 4 个档位，齿式离合器与气胎离合器共同组成换挡系统，其中新型低速气胎离合器采用双气胎离合器，传递转矩能力大，安装简单，维护方便。

（2）钻机动力电机设计均采用 800kW 直流电机驱动，各电机之间可互换，采购成本较低。

（3）电控系统配备网点接口和功率补偿房，功率因数可达 0.95 以上，节能环保效果显著。

（4）井架采用"K"形井架，以 H 型钢为主大腿的前开口式井架。井架低位安装时，井架主腿支脚、人字架支脚通过高强度销轴分别销接于底座基座上，然后整体起升。

（5）ZP375Z 型转盘驱动装置采用齿轮减速器和钳盘式刹车，与普通链条减速器和气胎式刹车的转盘驱动装置相比，齿轮减速器具有更高的传动效率和耐磨性，其钳式刹车具有更高的制动力矩和响应速度。

（6）3 台 F-1600HL 钻井泵，其液缸为分体式液缸，且吸入液缸安装在排出液缸上，缸的内腔呈 L 型结构，最大液力端压力 52MPa。

（7）配备 YC585 游车、DG675 大钩及 SL675 两用水龙头，其设计和制造完全符合 API 8C 和 API 7K 规范，满足重载提升要求。

2.5　四单根立柱深井钻机

面对过去几年持续低迷的石油市场，同时伴随油气资源勘探开发中复杂井、超深井越来越多，如何降本增效是摆在石油企业持续发展中的重要议题。这种情况也直接影响了石油钻采装备的研究方向，其中钻井提速提效是一个重要研究分支。

传统陆上深井和超深井钻机大都采用三单根立柱作业模式，如果采用四单根超长立柱，单趟游车行程会加大，游车高速运行段会加长，接卸扣频次会减少，这样可以显著缩短起下钻时间和频次，缩短钻井栗的停泵时间，降低复杂井的井下事故发生频率，有利于提高超深井的钻井效率。除此之外，四单根超长立柱模式还能减轻工人的劳动强度。

2.5.1　ZJ80/5850DB 四单根钻机总体技术方案

名义钻井深度：8000m；

最大钩载：5850kN；

最大钻柱载荷：2700kN；

绞车输入功率：3000kW；

绞车挡数：1+1R 交流变频驱动，无级调速；

提升系统绳系：7×8；

钻井钢丝绳直径：38mm(压实钢丝绳)；

最大快绳拉力：553kN；

转盘开口名义直径：Φ952.5mm；

转盘挡数：1+1R 交流变频驱动，无级调速；

井架型式及有效高度：K 型，56.5m；

底座型式：双升式；

钻台高度：10.5m；

钻井泵型号及台数：F—1600HL 52MP 3 台；

动力传动方式：AC—DC—AC 传动。

2.5.2　ZJ80/5850DB 四单根钻机总体技术方案

钻机采用 5 台柴油发电机组作为主动力，发出的 600V 交流电经变频单元转换驱动交流变频电机，带动绞车、转盘、钻井泵工作。绞车采用 2 台 1500kW 交流变频电动机经联轴器直接驱动(直驱型式)，主刹车为液压盘式刹车，辅助刹车为电机能耗制动，高位安装。F-1600HL 型钻井泵组采用 2 台 600kW 交流变频电动机直接驱动，最大工作压力 52MPa。转盘设有 1 个正档，一个倒车挡，采用 1 台 800kW 的交流变频电动机经一档减速箱后驱动。

钻机游动系统为 7×8 结构，采用 EEIP 强度级、直径为 38mm 的压实钢丝绳，顺穿绳方式，提升设备最大载荷能力达 5850kN。井架为前开口结构，有效高度为 56.5m，底座为双升式结构。井架及底座均在低位安装，利用绞车动力整体起升。

2.5.3　ZJ80/5850DB 四单根钻机关键技术创新

ZJ80/5850DB 四单根钻机是在 9000m 四单根钻机基础上，运用新技术、新理念、新装备研发而来，与传统钻机相较，具有以下技术特点：

(1) 超高井架、双升式底座设计技术

首次在四单根立柱钻机上采用了倾斜式立柱双升式底座及超高井架技术。通过对井架、底座主承载构件精确受力分析、材料优选、结构优化等技术措施，解决了超高井架、底座结构稳定问题，提高了钻机作业稳定性和安全性。

(2) 三单根、四单根立柱独立或交互式施工工艺流程技术

钻机设置 2 套二层台排管装置。两套二层台及悬挂架指梁均可翻转，其中三单根立柱二层台指梁还可单个翻转。两套二层台既可单独工作又可同时使用，互不影响。满足了现场不同钻具组合的立根排放需求，极大方便了现场应用。

（3）交流变频直驱传动技术

绞车、钻井泵均采用低速大转矩交流变频电机直接驱动，去掉了皮带等机械传动部件。由于没有减速传动装置，因此即减轻了质量，又减少成本，还提高了传动效率，也减小了能源消耗和故障及维护点。同时绞车采用主电机自动送钻技术，取消了传统小电机自动送钻装置，简化了绞车配置并减少了故障环节，提高了绞车可靠性。

（4）四单根立柱作业的绞车容绳与排绳技术

开发出 EEIP 强度级压实钢丝绳，它具有小直径、高强度、高韧性特点，利于减少绞车滚筒的排绳布置。解决了超大滚筒研制技术，滚筒体设计尺寸为 1060mm×2055mm，与 9000m 钻机相比，钻机快绳倾斜角 λ 减小至 0°51′36″，更有利于游动系统排绳整齐。

（5）智能防碰技术

设备上安装位置传感器，依据空间位置解算方法，开发了设备动态区域管理系统。实现二层台与顶驱吊卡防碰、游吊系统上下极限位置管理等多个设备全作业流程的防碰管理。避免了交叉作业设备发生碰撞。

J80/5850DB 四单根钻机适应能力强，可实现全井深四单根立柱钻井作业，在减轻劳动强度、保证人员安全、提高作业效率方面效果显著。据统计，四单根立柱其钻井综合平均效率较传统可提高 19%。

2.6 ZJ150/11250 超深井钻机

当前，全球一半以上的陆地超深井位于美国克萨斯州，超深层已成为全球油气资源勘探开发的重大需求，欧美超深井钻完井技术起步早，并已具备 15000m 钻深能力。世界最深井纪录由俄罗斯 Sakhalin 公司创造，实际钻探深度 14600m，美国泰博探井紧追其后，深度为 10685 米。我国最深井纪录 8882m，于 2019 年 9 月在塔里木轮深 1 井完成。

2.6.1 ZJ150/11250 钻机主要技术参数

由于我国超深井开发所处的当下阶段并未配备与 15000m 钻机相对应的井位，国内尚未有 15000m 钻机问世，依据电动钻机国家标准 GB/T 23505—2017《石油钻机和修井机》规定的基本参数推荐值，ZJ150/11250 钻机主要技术参数如下：

名义钻井深度：15000m；

最大钩载：11250kN；

绞车输入功率：4400kW（6000hp）；

提升系统绳系：8×8；

钻井钢丝绳直径：52mm；

转盘开口名义直径：Φ1257.3mm；

井架型式及有效高度：K 型，46.5m；

钻台高度：12m。

2.6.2 乌拉尔-15000 超深井钻机

实际，乌拉尔-15000 并非现行工业标准下的超深井钻机，它由苏联乌拉尔重型机器制造厂制造，使用特殊铝合金钻杆，钻井深度可达 15000m。采用非常规塔形井架，有效高度 58m，钻台面高 6m，大钩允许载荷 4000kN，游动系统组合为 6×7，钢绳直径 38mm，绞车输入功率 2280kW，滚筒两侧由气胎离合器直接与两个 1150kW 的直流电机相连。起钻时，直流电机作为电动机，下钻或下套管时，直流电机处于发电工况，起制动作用，作辅助刹车，用并安装有自动送钻装置，无级变速，快绳拉力 420kN。天车有两组共 7 个同轴滑轮，天车轴承采用双列锥滚，轴承最大承载能力 500kN。配备两种深浅井规格水龙头，转盘静载荷为 4000kN，开口直径 760mm。钻井泵功率为五台 1250kW 钻井泵，此外该超深井钻机还配备了全套起下钻自动化设备。

乌拉尔-15000 超深井石油钻机动力来源于网电，采用 DC-DC 电驱动型式。四台各 1900kW 机械变流装置将网电侧的交流电转换成直流电，再供一台 1700kW 直流电动机和一;台 900kW 直流电动机，其中 1700kW 直流发电机为绞车、钻井泵提供用电；900kW 直流发电机为转盘和绞车辅助用电供电。

2.7 超深井钻机配套智能钻机技术

欧美国家石油装备发展起步早，已着手智能化技术在超深井钻井装备方面的研究与实践，我国智能化技术应用起步于 2014 年，主要包括管子自动化技术和智能化顶驱技术。

2.7.1 管柱自动化系统

我国管柱自动化系统分为两大类：推扶式和悬持式。整套智能设备采用电液一体化控制技术，主要由智能猫道、二层台机械手、铁钻工、钻台机械手、液压吊卡、动力卡瓦等一套具有全自动控制功能的工具和设备构成。在施工过程中，主司钻完成绞车、顶驱、转盘、钻井泵、吊卡、卡瓦等控制。副司钻完成排管架、猫道、缓冲机械手、铁钻工、钻台机械手、三单根或四单根二层台排管装置、泥浆盒等设备控制，可实现钻柱从排管架、建立立柱到排放立柱全过程自动化操作，二层台、钻台面、猫道管架无须人员值守。

（1）智能猫道：实现钻杆、钻铤、套管等管柱在地面台架与钻台面之间往返输送。

（2）钻台机械手：代替人工完成钻台面管柱的推拉运移，实现管柱井口、小鼠洞与立根盒之间的移动。

（3）缓冲机械手：缓冲从动力猫道输送至钻台面的钻杆或套管到井口或小鼠洞。

（4）铁钻工：代替液气大钳，实现钻杆、钻铤等管柱安全、高效的上、卸扣。

（5）二层台机械手：代替井架工，起下钻时完成立根在二层台指梁的存取。

（6）液压吊卡：提升钻具，远程控制实现吊卡活门的打开和闭合、吊卡主体的翻转，并实时返回状态信号。

（7）动力卡瓦：悬持井中钻具，远程控制卡瓦开合并实时返回状态信号。

管柱自动化技术的应用有效压缩了钻井准备时间，提高了钻井工作效率，实现了二层台高处无人作业，特别是四立根超高井架钻机，大大降低了安全风险，减轻了人工劳动强度。

2.7.2 智能化顶驱装置

智能化顶驱装置与同型号早期顶驱均采用相同机械结构，但智能化顶驱装置针对超深井、复杂井的钻井需求进行了控制优化，使产品性能有了大幅提升。

（1）智能控制系统。常规顶驱转速转矩控制系统是由人工设定的，不能随井下工况的实施变化及时调整。而智能化顶驱装置的智能控制系统能够根据顶驱转速转矩的设定值与井下钻柱反馈的实际值自动辨识钻井工况，对顶驱主轴的转速和转矩输出特性进行实时调节，有效抑制因钻具扭矩突变而导致的冲击、扭断或脱扣现象，大幅降低了钻柱失效和钻头磨损风险，延长了钻柱和钻头的使用寿命。

（2）定位控制技术。该装置可精确控制顶驱主轴的旋转角度，且调整方位时无须停钻，这样可大大缩短摆方位调整时间，有效提高定向钻井作业的钻进精度和时效。

（3）滑动控制技术。导向钻井的滑动控制技术，在确保定向不受影响的前提下，通过钻柱的正向、反向往复摇摆，减小定向井钻井作业中钻柱与井壁间的摩擦阻力与黏滞，平稳钻压、延长钻头寿命，从而提高机械钻速、缩短钻井周期。

2.8 国内外超深井钻机发展趋势

与浅井钻机相似，超深井钻机的发展趋势与石油勘探开发过程中的实际需求和科学技术进步是紧密联系的。世界上钻机发展先进的国家，美国、德国、法国、意大利、加拿大、墨西哥和罗马尼亚等国都先后设计制造了各具特色的超深井石油钻机，这些钻机可满足不同地域和不同环境。当前各个国家仍然在不断推出新型钻机，并呈现出以下趋势：

（1）超深井钻机类型多样化。

单一类型的超深井钻机不能满足不同条件超深井的开发要求，在面临层出不穷的各种新型挑战的时候，通过优化或创新钻机结构与配置或应用新装备技术设计制造钻机以适应新的钻探环境。例如：以适应不同地理环境为目的的沙漠超深井钻机、极地超深井钻机和海洋超深井钻机；以超深井深度高效开发为目的的8000m、9000m、12000m和15000m钻机；以快速搬家为目的的折叠式、层错式、自走式超深井钻机；以提高综合钻井时效为目的的四单根和全自动化超深井钻机；以使用严寒和酷暑环境为目的的封闭式超深井钻机。

（2）超深井钻机智能化、自动化水平越来越高。

实现"经济上降本增效、工程中降低安全风险"已成为油气装备发展的指导纲领。早期，自动送钻和管子处理自动化系统代表和开启了钻机智能化、自动化的序幕，随着近几年数据数字化、人工智能控制、大数据计算、物联网等技术的完善和快速更迭，特别是5G通信技术的高速度、低延时特性，使远程实时监控和控制钻井生产过程、远程监测及诊断重要设备与零部件运行状态成为可能，同时在大数据计算的加持下可对收集到的数据进行最优解处理并实时反馈到作业现场，以应对可能出现的各种情况，及时消除有害因素。如斯伦贝谢公司"自动钻井"工厂，通过安装在钻机系统上的上千个传感器，工程师远程对钻机安全状态、设备健康状态、设备运行状态和作业流程等进行全方位监测，配合斯伦贝谢自动钻进系统，一个"自动钻井"工厂可同时管理3口井的钻井作业，与常规作业比较，平均钻速提高40%，人工成本减少60%以上。

（3）超深井钻机设计呈现人性化趋势

经济生产活动本质依然是人的活动，新型超深井钻机设计充分融入了许多人性化设计理念，这一理念不单单只强调对操作人员的安全保护，还涵盖对劳动环境和条件的改善。如发电机房做降噪设计，满载工况下距发电机组15m处噪声值不超过86dB；底座配置载人电梯与转梯架，可由地面直达钻台面，也可安全攀爬；钻台面配置载人绞车，可到达钻台面至天车间任意位置；为防止日间高温直晒，固控罐面配置可拆式遮阳棚；为降低环境温度，主要工作区域配置降温喷雾系统定时喷洒；钻台面与固控罐面配置防爆灭虫灯与驱虫风扇，可有效减少野外和夜间蚊虫叮咬等等。

面对当前围绕国家"一带一路""中国制造2025"发展战略和"中国智造"，"中国创造"的新目标、新局面下，受制于动力噪声大、配比动力消耗大、地层有毒有害气体排放及钻井液对环境和地层的污染等带来的诸多影响，特别是国家在绿色环保方面出台的多项政策限制，我国石油超深井钻机还呈现出绿色环保低碳趋势。

参 考 文 献

[1] 王明毅. 我们为什么要研制 9000 米钻机[N]. 中国石油报. 2006.

[2] 王进全等. 9000 米交流变频钻机的研制[J]. 石油机械. 2007, 35(9)：81-84.

[3] 姚爱华等. 6000hp 石油钻井绞车技术分析[J]. 石油机械. 2009, 37(1)：58-61.

[4] 雷晓程. 西门子 S7-400 冗余系统在 12000m 石油钻机上的应用[J]. 自动化工程. 2009, 3(3)：51-53.

[5] 张晓杰等. 8000m 直流电驱动钻机绞车设计与分析[J]. 石油矿厂机械. 2013, 42(10)：57-59.

[6] 董辉. 8000m 直流电驱动钻化的设计与研究[D]. 西安石油大学, 2016.

[7] 王定亚. 陆地石油钻井装备技术现状及发展方向探讨[J]. 石油机械. 2021, 49(1)：47-52.

[8] 张益等. ZJ90/6750DB-S 四单根立柱高效钻机关键技术研究[J]. 机械工程师. 2017, (7)：117-120.

[9] 李悦等. 塔里木山前地区超深井钻井提速技术研究[J]. 中州煤炭. 2016(7)：133-136.

[10] 李亚辉等. 陆地超深井四单根立柱局效钻机[J]. 石油机械. 2019, 47(4)：19-22.

[11] 王惠霖等. 苏联乌拉尔 15000 米钻机介绍[J]. 石油机械. 1985, 14(2)：29-35.

[12] 许益民等. 9000m 智能钻机关键技术[J]. 石油机械. 2019, 47(9)：57-62.

[13] 胡军旺等. 3000hp 直流电驱动绞车研究与设计[D]. 西安石油大学. 2016.

第 3 章

钻机快速移运技术

早在 20 世纪 70 年代，欧美的大型石油设备制造商已着手研究整体搬运，特别是近十年，国际石油市场的持续疲软给油气勘探开发公司、钻井公司都产生巨大影响，降低开采成本、提高效益已成为石油系统各行各业发展的基本共识，其中页岩气等丛式井井间快速搬迁技术是一种行之有效的方法。大量的现场应用表明，快速搬迁技术可大幅度提高搬家作业效率，减少运输成本，降低作业人员的劳动强度，同时这项技术也特别适用于开阔的沙漠地区。

我国在快速移运工作方面相对欧美时间较晚，从引进和开发车载修井机起步，伴随着国内石油装备研发能力、工艺水平、设计理念的不断迭代，尤其是进入 21 世纪，国内在快速移运钻机方面有了长足的发展，生产出一批具有代表性的产品，并在国内新疆、西北、华北等地区广泛应用，同时根据中东地区沙漠特殊作业环境需要，国内宝石机械、航天宏华、科瑞等企业先后为阿联酋、科威特等地区成功研制了钻深能力 5000～9000m 范围的各型号大模块轮式移运拖挂钻机，其中为阿联酋国家研制的 ZJ50DBT 和 ZI70DBT 两种轮式拖挂钻机具有多种移运组合模式；为科威特研制的 ZI70DBT 轮式拖挂钻机不仅满足直立移运，还可实现井架的弯折功能，可以有效避开高空高压线等障碍物，使其整体通过性更好，移运范围更加广阔；近几年，针对俄罗斯极寒冷地区研制的低温快速移运轨道钻机也已通过北极地区冬季严寒天气的考验，其设计性能完全满足极地环境工作要求。

目前，国内外快速移运技术主要包括滑轨式移运技术、轮轨式移运技术、轮拖式移运技术和步进式移运技术四种。

3.1 钻机滑轨式移运装置

3.1.1 滑移式移运装置的设计

滑移式整体移运装置主要由组合式滑轨和平移液压装置构成，在钻机底座下预先铺设两道与井口连线方向平行的滑轨，滑轨之间用横撑杆和斜撑杆连接。在滑移轨道上加工距离相同的矩形槽，当两个移动液压缸活塞伸长或者缩回时，棘爪被推入到滑轨矩形槽并卡住槽位，油缸收缩或伸长时则带动整个钻机整体在轨道上滑动。在移动过程中，如果需要改变方向，只需要转变棘爪的方向。导轨采用搭扣连接，随钻台的重复移动至井位。装置如图 3-1 所示。

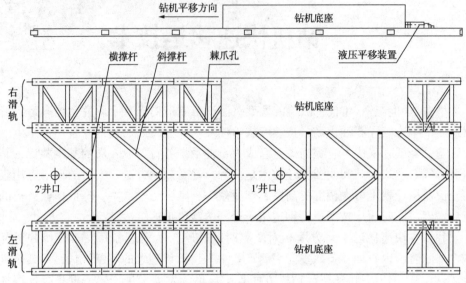

图 3-1　滑轨式移运装置示意图

3.1.2　滑轨式移运装置的技术特点

　　滑轨式移运装置不需要专门的举升机构，因与地面接触面积大，对地面基础要求低。由于导轨接触面开棘轮槽，对导轨的承载能力有一定影响，增加了加工难度，移运时滑动摩擦阻力较大，所需牵引力大，对设备要求高，且摩擦接触面需涂抹润滑脂或石墨等润滑材料，对环境有污染。滑轨式移运装置多见于老钻机改造。

3.1.3　滑轨式移运装置的现场应用

　　2020 年 1 月，由胜利工程公司黄河钻井总公司自主制造的滑轨式移运装置在 30500 队整托作业中成功投入使用，钻机整体移运 6m，用时 52min。与以往拖拉机拖拽式移运相比，节省了大量人力物力，作业过程也安全平稳高效。

3.2　钻机轮轨式移运装置

3.2.1　轮轨式移运装置的设计

　　轮轨移运装置主要由轨道系统、车轮、举升系统、液压系统和移运小车组成。轨道系统由接口统一可互换的标准长度导轨连接成两条平行轨道，轨道之间采用撑杆定位。每根导轨分上、中、底结构，上层为供车轮行走的重载钢轨，中层为用于装配移动液缸的步进孔，底层比其他两层都宽，用于增大导轨与地面的接触地面。导轨本体强度大。

　　底座四角各安装两件举升油缸，底座侧面设置两个移动油缸。液压系统的动力来自钻机液压站，包括连接液压管线和操作箱，操作箱内置液压阀组，它由六联阀控制阀件和四个平衡阀组成。六联阀控制阀片为可自动复位的手动比例换向阀，每片阀片各控制一个液缸，可满足对四组举升液缸和两个移动液缸的单独控制。平衡阀用以预防液压管线突然破裂而引起的安全事故，一个平衡阀对应一组举升液缸，在移动油缸管路上装有分集流阀，确保两个移动油缸同步移动。同样底座四角还分别安装一组车轮，每组车轮由两个车轮、平衡梁和平衡销组成，平衡梁可绕平衡销旋转，在导轨面不平时，可以使两车轮受力均匀。此外每套移运小车均安装有四个钢制车轮，分别安装在两根横梁内，底座与各移运小车之间采用连杆连接，如图 3-2 所示。

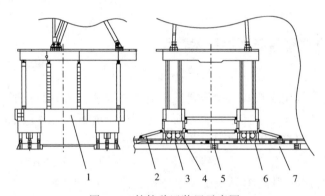

图 3-2　轮轨移运装置示意图

1—底座；2—移动液缸；3—顶升液缸；4—支撑架；5—轨道连接耳板；6—车轮；7—轨道

3.2.2　轮轨式移运装置的工作原理

　　钻机准备移动前，操作举升控制阀使底座四角 8 个举升液缸伸出，将钻机的井架底座升高 200mm 左右，拆除底座与轨道两侧台肩的锁紧装置和垫片，回缩举升油缸，使底座四角上的四组车轮与轨道接触，支撑架与轨道之间悬空。操作移动控制阀控制两个移动油缸伸长，推动整套钻机相对轨道向前移动一个油缸位置，然后将移动油缸与轨道的连接销轴取下，在空载荷下回缩移动油缸至轨道的下一个步进孔，再将连接销轴安上，进行下一个步进动作，如此反复操作，直到钻机移动到目标井口位置时，操作举升控制阀使底座四角 8 个举升液缸伸出将钻机底座抬高 200mm 左右，将锁紧装置和垫片安装在底座下部，回缩举升液缸，使用垫片和支撑架支撑，使钻机的井架底座模块平稳支撑在轨道的两侧台肩上，这时底座四角的四组车轮与轨道面悬空，不承受任何载荷，起到保护车轮的功能，钻机作业时产生的力和扭矩通过支撑架和垫片直接传递到轨道上，可以有效地防止由于钻机的振动而引起的漂移。当钻机需要向相反方向移动时，只需将油缸支座旋转180°安装，移动油缸做收缩运动。此外运移过程中，可将尾部的导轨标准节拆下，铺设到轨道的前部，降低设备成本。

3.2.3 轮轨式移运装置的主要技术参数

以 SJ-TS650 轮轨式移运装置为例，其主要技术参数如下：

承载能力：650t；

移动油缸推力/拉力：225t/180t；

液压系统额定压力：14MPa；

平均移动速度：20m/小时；

地面许用承载能力：≥0.12MPa；

允许导轨高度差：<200mm；

轨道坡度：1.50。

3.2.4 轮轨式移运装置的技术特点

轮轨式移动装置有如下几个技术特点：

（1）环保：相比滑轨式移运装置，轮轨式移运装置所有的轮滑都采用密闭式润滑方式，维护成本低，且导轨面无须涂抹润滑脂或石墨等降低摩擦系数的润滑材料，避免了使用完后因无法回收造成的环境污染。

（2）经济高效：井口之间的移运只需 3~4 人即可，不需要大型拆卸、吊装、运输，同时动力源使用已有钻机配套液压站，无须另行配备。

（3）移运能力大：轮轨式用滚动摩擦代替滑动摩擦，所需牵引力较小，且车轮使用了平衡梁结构，车轮整体承载能力高，轨道与地面接触面积大，对地面要求不高。

（4）安全可靠：轨道移运装置使用锁紧装置将钻机与轨道可靠地连接为一体，钻机工作时，钻机产生的力和扭矩传递到大跨距的两条轨道上，增加了钻机的稳定性。

（5）单一方向：实现钻机在满立根工作状态下单一方向前后整体平移。

3.2.5 轮轨式移运装置的现场应用

2014 年，在焦页 30 号平台的实际施工中，轮轨式移运装置整体移运 10m，耗时 57min。整个运移过程所需工作人员极少，无须在滑动接触面涂抹润滑材料，降低了工作人员劳动强度，保护了生态环境。打钻过程中，钻机整体平稳。

3.3 钻机步进式移运装置

3.3.1 步进式移运装置的结构设计

步进式平移系统采用模块化设计，既可以把模块集成在底座基座上方便运输，也可以根据底座空间和载荷大小选择外挂于底座外。每台钻机的四角各布置一套该装置。步进式移运装置一般可分为由连接支架和顶升液缸等组成的举升模块；由导轨总成和平移液缸等组成的滑移小车平移模块；由液压站、液压阀件及电控元件、操作台组成的液压控制模块；如图3-3所示。

连接支架通过销轴与底座形成固定连接，顶升液缸一端安装在平移连接架上，另一端与滑移小车座可活动的球头法兰座滑移座相连。平移液缸两端分别与导轨及滑移小车座的耳座相连，形成平移模块。滑移小车上配有可降低底板集中载荷和摩擦力的双排滚轮链条组、撬座等主要部件，同时配有旋转臂、分度盘和导向装置等相关部件。液压控制模块中液压站提供移运装置所需动力，操作人员通过操作台形成对电液阀块的控制，实现顶升及平移动作。操作台和液压站均可悬挂于钻机底座基座外侧，随钻机一起移动，消除了单独搬移所花费的时间，进一步提高运移效率。

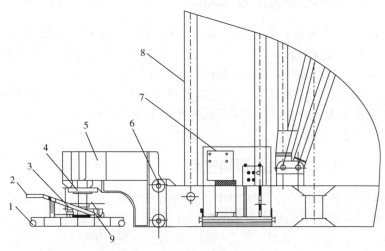

图3-3 步进式移运装置示意图

1—撬座；2—旋转杆；3—平移油缸；4—顶升油缸；5—支架；
6—连接销轴；7—控制撬；8—钻机底座；9—移运小车

3.3.2 步进式移运装置的工作原理

底座放置在地面上，四组平移模块安装于钻机四角，钻机步进式移运装置的撬座是一个较大面积的支承垫，顶升液缸和平移液缸都布置在撬座上。首先通过操作箱控制顶升液缸伸出，将钻机举升离地面一定距离，这时整个钻机的重量转移到四个撬座上，然后启动平移液缸推动移运小车在撬座上将钻机整体沿水平方向行走，行走完成后，控制顶升油缸下放钻机落地，顶升缸继续回缩，将撬座提离地面一点距离，收回平移油缸活塞杆。至此，步进式移运装置完成了一个整体移动动作。如果步进距离不足，如此反复，直到满足作业需求。当钻机需要更换移动方位时，操作旋转杆，使转动组件旋转至预定角度，即可实现移运方向。

3.3.3 步进式移运装置的主要技术参数

步进式移运装置最大移运质量：1000t；

液压系统额定工作压力：21MPa；

顶升油缸单点最大顶升力：3000kN；

可旋转方向(角度)：0°~360°；

平移油缸最大推力：2350kN；

平移油缸最大拉力：1750kN；

平移油缸步进行程：450mm；

移动速度：112.5mm/min；

钻机移动时允许的最大风力：8m/s。

3.3.4 步进式移运装置的技术特点

① 钻机步进式移运装置布局紧凑、安装便捷，对钻机本身结构无影响，能够实现钻机在工作状态的满立根移运，且移运方向实现全方位，移运准确性高，非常适合页岩气储层多井位任意布置形式来进行开发。

② 装置配备的独立液压源与移运装置组成一套完整的动力控制系统，独立操作，不受主机系统的影响，安装及拆卸比较方便，还可实现多台钻机共用或互用，提高了装置的经济效益。

3.3.5 步进式移运装置的现场应用

江汉石油工程钻井一公司 JH50811 井队承钻的焦页 28#平台是为实施"井工厂"模式钻井进行页岩气开发而设计的钻井平台，受礁石坝丘陵地貌、地形和其他因素影响，焦页 28#平台布井 4 口，按口字形方式布井。在整体平台施工过程中，钻机累计进行井间移运 14 次，平均单次移运时间为 65min，最大移运质量达到 680t。

3.4 钻机轮拖式移运装置

3.4.1 轮拖式移运装置的设计

轮拖移运技术分为全轮拖和半轮拖两种形式。全轮拖移运又名直立行走技术，它是一种井架在直立状态和底座一起运输的技术，它适用于运输距离较近且路面状况较好的情况，在移运过程中，拆除左后、右后底座基座，在左前、右前各安装牵引拖台和升降系统，牵引拖台通过承载鹅颈和销子与钻机底座连接，牵引车牵引拖台。操作升系统抬高底座，在底座后部安装底座承载桥和前轮轴，降下液压升降系统，使轮胎完全承载，由牵引车牵引钻机主体在直立状态移动。半轮拖移运包括井架及游车系统移运装置和底座移运装置两部分，它适用于运输距离较远和路面凹凸起伏较大的路面情况。半轮拖底座移运也分为承载部分、牵引部分和起升部分三部分。在钻机底座的前部安装有两个承载拖台，牵引拖台通过承载鹅颈和销子与钻机底座连接，与其不同，钻机后部因质量较大，需要在钻机后部两角安装两个承载鹅颈，承载鹅颈通过耳座和销子与钻机相连。牵引车可牵引拖台完成移运。移运设备安装过程中底座的起升都由内置安装与底座四角的起升液缸完成，液缸起升的动力来源于独立配备的液压站，四个起升液缸即可同步操作也可单独控制。

半轮拖井架及游车移运装置包含前托架和井架托架两部分，井架移运时井架下放至水平，在井架上安装游动系统托架并固定游车大钩，在井架前部天车后部安装前托架并与牵引车连接，井架后托架安装在井架下端，该托架具有油缸上、下调整功能，安装完成后，牵引车拖至目的井场。半轮拖井架结构如图 3-4所示。

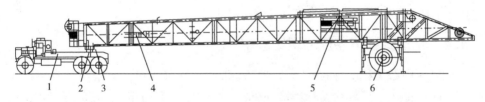

图 3-4　半轮拖井架移运装置示意图

1—牵引车；2—井架前托架；3—前连接装置；4—钻机井架；5—游车大钩托架；6—井架拖车

3.4.2　轮拖式移运装置的主要技术参数

轮拖移运装置的主要技术参数如下：

钻机底座及其上部设备移运系统的整体移运能力：380t；

钻机底座牵引车桥 2 套，单套承载能力 120t；底座转向承载桥 2 套，单套承载能力 100t，液压缸推力不小于 50t，转向角度 12°；轮胎型号：40.00R57 E-7或 E-4，单个轮胎承载能力 73t(10km/h)，充气压力：0.525MPa；

钻机井架及其游动系统移运系统的整体移运能力：160t；井架前托架最大承载能力 55t，低位井架承载车桥最大承载能力 150t；

井架前托架 1 套；游车大钩托架 1 套；游车大钩捆绑梁；井架拖车 1 套；轮胎 2 个，轮胎型号：29.5-25 E-7 或 E-4；

移运系统的最高移运速度：≤10km/h；

移运系统的最小离地间隙：≈600mm；

移运系统的适用环境温度：-17~55℃；

移运系统的适用路面：硬土路面；

钻机底座起升方式：液压起升，四个液压缸平起底座；

液压缸额定起升力：130t；

液压缸控制方式：单缸单阀；

液压站：柴油机驱动液压站。

3.4.3 轮拖式移运装置的技术特点

轮拖移动装置有以下几个技术特点：

（1）移运距离远：轮拖移运适合平坦的沙漠和戈壁地区使用，可大大减少长距离下沙漠钻机的拆装工作量和搬迁时间。

（2）移运过程速度快：轮拖移运最大移运速度可达每小时10km。

（3）主机模块移运方式多样化：轮拖式移运装置可根据地域和路面情况，选择全轮拖或者半轮拖形式，移运方式多样，灵活。

（4）外围设备运移高效：发电机模块和钻井泵模块分别也采用一橇安装及半拖挂结构，固控系统模块则采用自背车运输设计，这极大简化和方便了钻机的转场移运工作，保证了钻机外围设备移运高效。

3.4.4 轮拖式移运装置的现场应用

2020年中石化科威特胜利项目SP266队全年搬家7口，均采用半轮拖移运技术进行井间搬迁，平均移运距离17km，搬安时间平均46h，较普通70DB钻机，搬家车次减少约35辆车次，拆装缩短72h，经济效益显著。

3.5 结束语

当前，提速提效、降低开采成本始终围绕着石油勘探开发的全过程，快速移动技术也已在国内外得到广泛应用，特别是页岩气开发区块的"井工厂"开发模式大多存在井场选择受限和交通不便的问题。传统的钻机快速移运方式虽可节省大量的钻机搬迁及安装时间，降低工人的劳动强度，但也各自存在不足和局限。针对这些不足和局限，这几年装备制造企业根据钻机实际需求也优化并设计制造出一些改进方案，例如：利用液压夹持器取代滑轨式的棘爪锁定；利用横纵X、Y轨道取代轮轨式单一方向轨道；利用传统快速移运方式的混合移运方案取代单一方案。总之随着技术的不断进步，快速移运技术其整体通过性会更好，移运范围更加会广阔。

参 考 文 献

[1] 刘克强等. 工厂化作业钻机技术现状及应用[J]. 石油机械. 2017，45(9)：27-30.

[2] 徐军等. 钻机步进式移运装置的研制与应用[J]. 石油机械. 2015，43(8)：37-38.

[3] 董辉等. 石油钻机移运装置应用研究[J]. 石油矿厂机械. 2016，45(4)：63-65.

[4] 夏宏克等. 石油钻机平移系统的研制与应用[J]. 石油矿厂机械. 2017，44(7)：37-39.

[5] 王定亚等. 陆地石油钻井装备技术现状及发展方向探讨[J]. 石油机械. 2021，49(1)：47-51.

[6] 张振勇. 火车式钻机整体移运系统的研制[J]. 江汉石油科技. 2012，22(3)：63-66.

[7] 王少泉等. 沙漠钻机整移技术方案[J]. 机械工程师. 2016，8(5)：8-9.

[8] 李亚辉等. 7000m快速移运拖挂钻机设计. 石油机械. 2015，43(9)：37-41.

[9] 王文超等. 低温钻机轮轨移运装置应用现状及技术分析. 机械工程师. 2021，81(1)：81-87.

[10] 孙晓微. 钻机整体移运装置的设计与研究[D]. 西安石油大学，2014.

[11] 陈妮. 钻机轨道式双向平移装置研制[J]. 机械研究和应用，2020，33(4)：101-103.

第 4 章

顶驱及其下套管装置

对于油气井而言，深井是指完钻井深为 4500~6000m 的井；超深井是指完钻井深为 6000m 以上的井。深井、超深井钻井技术，是勘探和开发深部油气等资源的必不可少的关键技术。在我国，深井、超深井比较集中的陆上地区包括塔里木、准噶尔、四川等盆地。实践证明，由于地质情况复杂(诸如山前构造、高陡构造、难钻地层、多压力系统及不稳定岩层等，有些地层也存在高温高压效应)，我国在这些地区(或其他类似地区)的深井、超深井钻井工程遇到许多困难，表现为井下复杂与事故频繁、建井周期长、工程费用高，从而极大地阻碍了勘探开发的步伐，增加了勘探开发的直接成本。

近年来，国外超深井钻机发展迅速，以美国 NOV 公司和挪威 MHWirth 公司代表的钻机制造商生产的超深井陆地钻机技术比较先进，它们基本都采用交流变频驱动或液压驱动，主要技术特点有绞车功率大、提升能力强，钻井泵功率大、压力高，转盘开口直径大、承载能力强，顶驱等主要配套设备齐全、成熟。国内在"十二五"期间，中国石油、中国石化加强了深井超深井钻井技术的攻关，取得了重大技术进展，并且随着技术的攻关，我国在深井、超深井装备上也有了很大的发展。国内主流顶驱厂家近年来也设计、生产制造出一系列在国际钻井承包市场具有很强竞争力的顶驱，如景宏的 DQ90BS-JH 型顶驱，北石的 DQ90BSC 型顶驱等。顶部驱动钻井装置在国内的推广普及也带动了钻井装备技术的自动化和智能化发展，这些顶驱及其配套的软扭矩系统、扭摆装置、下套管装置等在提高深井超深井机械钻速、降低复杂工况事故率、缩短钻井周期、实现优快钻井，尤其是减少井下钻具静止时间等方面取得了很大进步。

4.1 超深井顶驱装置

顶驱装置接立柱进行钻进，可以完成钻进、循环泥浆、起下钻等操作，节约了接方钻杆时间，尤其是顶驱装置能够在起下钻过程中随时开泵循环钻井液，有利于井下复杂的处理，因而也是欠平衡钻井、套管钻井、大斜度井、水平井、超深井等许多特殊钻井工艺的重要装备。随着国内对钻井参数的要求逐渐提高，新型大扭矩顶驱驱动功率较常规顶驱提高了 25% 以上，并根据钻井工艺要求对多项硬、软件进行了集成创新。在川渝页岩气开发中配置新型顶驱及配套的顶驱下套管装置拥有集旋转、提放及钻井液循环一体化作业模式，成为保障复杂井、超深井、长水平井套管下放到位的利器，规模推广应用100多井次。顶驱升级配套的扭摆减阻技术有效克服了水平段管柱与井壁间的摩阻，滑动定向段机械钻速提升20%~66%，广泛应用于川渝页岩气、新疆玛湖致密油、长庆、渤海等多个区块，已累计使用逾百井次。

目前国际钻井承包市场的深井钻探顶驱还是由 NOV VARCO、CANRIG、TESCO、MH 等厂家生产。随着一带一路倡议的提出和国内企业对国际市场的开拓，国内的顶驱生产近些年来也越来越成熟，设计制造技术水平和使用寿命可靠性等都有很大提高，如大庆景宏钻采装备和北京石油机械厂的 DQ90BS 系列顶驱已经越来越多的在国际钻井市场得到业主认可，成功替代国际品牌。为更好地满足现场需要，提高深井超深井钻井作业的能力、效率和安全性，解决黏滞卡钻、井下摩阻和井眼轨迹优化等工程作业难题，实现控制复杂工况，降低作业风险，避免钻井事故，DQ90BS 顶驱采用了多项新技术，主要包括钻机智能一体化配套技术(包括液压吊卡、一键连锁控制、安全互锁等)、转速扭矩控制技术、主轴旋转定位控制技术、导向钻井滑动控制技术等。国外品牌中具有同等提升能力的有 CANRIG 的 1275AC 系列、NOV 的 VarcoTDS-6S/8SA 系列、Tesco 的 650 系列等。下面以国产 DQ90BS 系列顶驱为主解析一下用于超深钻井的顶驱的结构及特点。DQ90BS 系列顶驱装置的研发，不仅为钻机配套提供了更加广泛的选择空间，同时完善了顶驱的规格型号，弥补了国内顶驱的不足，满足了国内外顶驱市场的需求，促进了超深井顶驱装备国产化的发展。

4.1.1　主要技术参数

表 4-1 为国内主流 9000m 钻井顶驱的主要技术参数，提升能力为 750t，基本满足深井、超深井的钻井需要。表 4-2 为 DQ90BS 顶驱工作曲线。

表 4-1　DQ90BS 顶驱主要技术参数

名义钻井深度	9000m
	29530ft
额定载荷	6750kN
	750t
工作高度	7m
电动机功率(额定)	2×450kW
	2×600hp
最大连续钻井扭矩(<110r/min)	78kN·m
	57525lbf·ft
堵转扭矩	78kN·m
	57525lbf·ft

背钳夹持范围	87~220mm $2\frac{7}{8}$~$6\frac{5}{8}$in
最大卸扣扭矩	120kN·m 88500lbf·ft
刹车扭矩	78kN·m 57525lbf·ft
额定循环压力	52MPa 7540psi
主轴中心通道内径	89mm $3\frac{1}{2}$in
导轨中心距井口中心距	2080mm 81.7in
电源电压	600VAC(+5%, -10%)
电源频率	50Hz(可选择配置60Hz)
转速范围	0~220r/min
环境温度	-35℃~55℃
海拔高度	≤1200m

4.1.2 性能曲线

DQ90BS顶驱工作曲线见表4-2。

表4-2 DQ90BS顶驱工作曲线

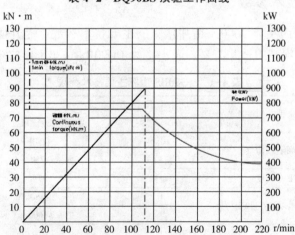

4.1.3 DQ90BS顶驱外形图

目前国内设计的90型(9000m)钻井用顶驱外形尺寸较为合理,多采用双电机驱动，部分厂家在试制直驱顶驱。图 4-1 为某制造厂家制造的 90 型确定外形图。

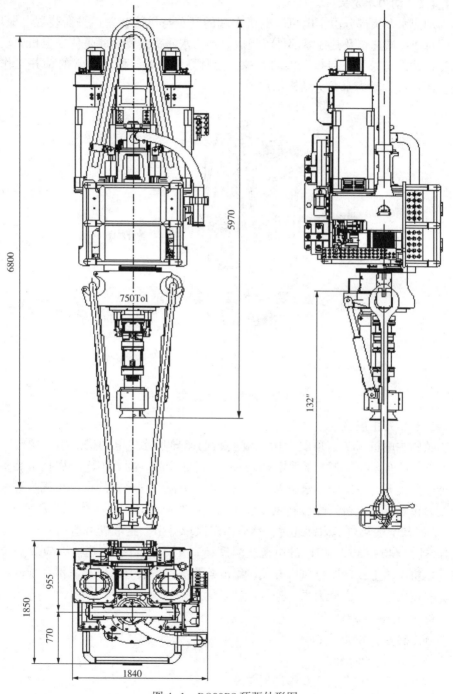

图 4-1　DQ90BS 顶驱外形图

4.1.4 顶驱配置

4.1.4.1 动力水龙头

动力水龙头部分由主电机、电机上端的刹车与风冷装置、平衡装置、提环、冲管总成、减速箱及其他零部件等组成。动力水龙头主要功能是使主电机驱动主轴旋转钻进，为上、卸扣提供动力源，同时循环泥浆，保证正常的钻井工作进行。图4-2为动力水龙头结构示意图。

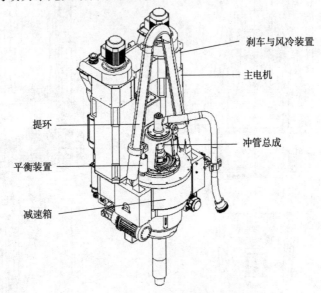

图4-2 动力水龙头结构示意图

（1）钻井主电机

顶驱主电机为2套顶驱专用交流变频调速异步感应电动机，单台额定功率450kW，目前国产顶驱主要采用Reliance公司的产品。随着国内牵引技术装备生产能力的提升，中国中车永济新时速电机电器有限责任公司的产品也逐步进入顶驱配套市场。主电机均配强制风冷装置（风机功率5.5kW，防暴等级为Exd ⅡC T4），冷却空气从电机内部通过，然后由出风罩排出。主电机可适用380~420V/50Hz或者440~480V/60Hz的电源，温度级别T3，配备有加热器以应对潮湿空气，电机本体上安装防爆风压开关、温度监测等保护装置，以及润滑系统。主电机具有抗大电流冲击能力强、连续堵转等优点。

额定电压：460V

额定转速：1200r/min

额定电流：2×555A

（2）风机、刹车装置及编码器总成

风机位于刹车装置上方，由功率为5.5kW的防爆异步交流电动机驱动，当风机启动后将风从刹车装置的外壳处的吸风口吸入，通过风道经主电机内部由下部的出风口排出，这种结构简单、坚固耐用的设计保证了通风的可靠性。

两个主电机上部的轴伸端安装有液压操作的盘式刹车，通过液压油缸控制刹车片来实现制动功能，制动能量与液压系统施加的压力成正比，刹车片的磨损量是通过增加液压缸的行程来补偿。每个刹车片带有两个自动复位的弹簧，可以使刹车摩擦片在松开时自动复位。刹车装置在顶驱装置运行过程中主要有三个功能：

① 承受井底钻具的反扭矩。

② 当遇阻时，如果电机扭矩等于反扭矩时钻具将反弹，此时需要制动主轴以防止钻具倒转脱扣。

③ 当电机飞车时起制动作用。

在各主电机上部的轴端装有编码器总成，通过同步带将主电机的转速信号反馈给顶驱电控系统，电控系统由此准确控制顶驱的转速和扭矩。同时，设置编码器旁路功能，以保证编码器失效等突发情况发生时能够进行连续生产作业。图4-3为刹车及编码器总成。

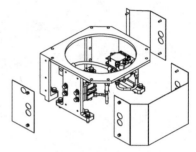

（3）减速箱

目前国产主流深井顶驱 DQ90BS 系列的减速箱采用二级齿轮传动，传动比约为 10.98∶1，两对齿轮均为斜齿轮，传递扭矩大，噪声低，如图4-4所示。减速箱主轴承载轴承采用重型圆锥推力轴承，满足超深井悬重要求，减速箱主轴下部密封特殊设计，齿轮油密封可靠。CANRIG-1275AC 顶驱采用一级齿轮减速，并且有一个增扭的设计，因此 CANRIG 齿轮箱外径显得比较大一些。DQ90BS 系列顶驱减速箱的润滑系统采用齿轮泵强制润滑。润滑泵一般采用由 ABB 公司生产的 1.1kW 电机驱动，电机启动后将泵输出的润滑油经过滤器和冷却器喷洒到各个润滑点上，经主轴承回到箱体油池。DQ90BS 系列顶驱采用强制润滑方式，使轴承及齿轮都能够充分接触到油液，保证了润滑的可靠性。并且在润滑管路中安装有压力开关、温度传感器及流量开关，对润滑系统的压力、油温及流量进行检测并实时报警。NOV VARCO-TDS 系列顶驱采用一个与顶

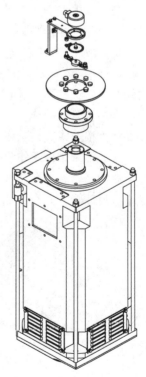

图 4-3　刹车及编码器总成

驱柱塞式液压泵同轴的叶片式液压泵提供液压源，然后该液压源输出到一个针线摆轮液压马达，并由这个液压马达带动位于齿轮箱内部的一个齿轮式液压泵，该液压泵将减速箱内的润滑油加压输送到主轴承、两对减速齿轮副喷嘴等位置，确保减速箱内轴承及齿轮间的可靠润滑。

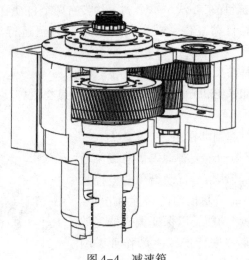

图 4-4　减速箱

目前，国内宏华、宝鸡石油机械厂、北京石油机械厂等生产厂家已推出新一代直驱型顶驱，即顶驱无减速箱，电机直接驱动主轴旋转。这种设计可以缩短传动链，减低故障率，减少现场安装工作量。由于顶驱由电机直接驱动，因而顶驱重心在主轴中心，不会出现前倾现象，因而减少了保护接头的磨损以及滑车和导轨之间的摩擦，提高了导轨的使用寿命。

（4）冲管盘根总成

冲管盘根总成安装在主轴和鹅颈管之间，是动静压力转换通道，不随主轴旋转。冲管上下采用由壬螺母连接，与通常的水龙头总管总成一样。针对超深井钻井中常见的高转速高泵压和油基泥浆，景洪顶驱研发了专用冲管总成。不同于常规盘根密封冲管，北京石油机械厂研发了机械密封冲管，这种冲管采用压力自平衡式浮动结构设计的机械密封，依靠弹簧和密封介质的压力在旋转的动环和静环的端面上产生适当的压紧力，端面间维持一层极薄的液体膜而达到密封。这种设计能承受 52MPa 的钻井液压力，动静环具有超低的旋转摩阻及极高的耐磨性，密封性极好。此外这种设计安装方便快捷、使用寿命长，克服了传统冲管使用时间短，维护时间长的问题，其结构如图 4-5 所示。

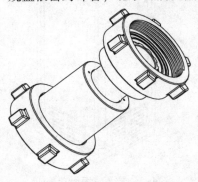

图 4-5　冲管盘根总成

（5）鹅颈管

鹅颈管安装在冲管支架上。鹅颈管前端与水龙带相连，是钻井液的入口，下端与冲管相连。上端密封，是泥浆循环的输送通道。打开后可以进行打捞和测井等工作。图4-6为鹅颈管总成。

（6）提环平衡系统

提环是顶驱装置的重要承载零件。提环通过提环销轴与减速箱相连，上部吊装在游车大钩或游车上。平衡油缸固定在提环上，主要作用在于平衡本体重量，从而在顶驱上卸扣时保护钻具丝扣。图4-7为提环平衡系统。NOV Varco顶驱需要在大钩上安装平衡梁，提环与齿轮箱一起浮起。DQ90BS系列国产顶驱系统产品不断迭代升级，目前采用双液压缸平衡方式，没有配置游车安装适配器等装置，而是利用提环上的长孔单独使齿轮箱以下部分浮起，使系统在运行过程中更加安全可靠。CANRIG-1275AC顶驱采用中心管滑动的模式来降低上卸扣时作用于钻具母扣上的压力，取消了这套提环平衡系统。

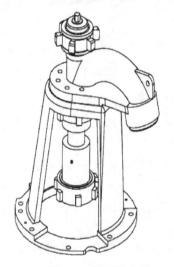

图4-6　鹅颈管

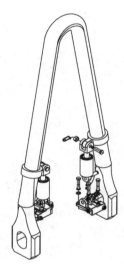

图4-7　提环平衡系统

4.1.4.2　管子处理装置

管子处理装置是顶部驱动装置的重要组成部分，由倾斜机构、背钳总成、丝扣防松装置、IBOP机构、回转头及其他零部件组成。可在很大程度上提高钻井作业的自动化程度，其结构如图4-8所示。

（1）回转头总成

回转头安装在与减速箱连接的固定轴上，独立于主轴运动，其结构见图4-9所示。

回转头的转动是靠液压马达驱动的，可以做顺、逆时针两个方向的运动，旋转后带动吊环实现360°转动，可以方便地到鼠洞抓放钻杆；在顶驱本体上移至二层操作台时可以对准钻杆排放架抓放钻柱。回转头转速出厂设定为 3r/min。

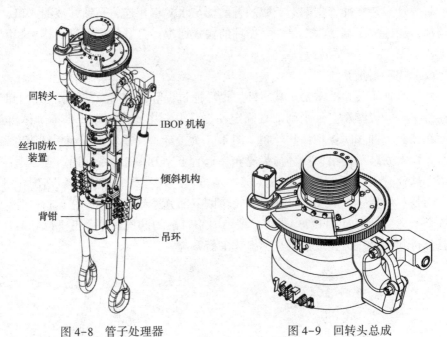

图 4-8　管子处理器　　　　　　　图 4-9　回转头总成

国产顶驱如景洪和北石的 DQ90BS 系列顶驱回转头机构是双负荷通道，正常钻井时的载荷是通过主轴直接传递到减速箱内的主轴承上；起下钻或下套管时吊环的提升载荷则通过特殊设计，作用在旋转头内部的止推轴承上，不通过主轴承，因此能够有效延长主轴承的使用寿命。由于承载系统与背钳的特殊设计，DQ90 系列顶驱的旋转密封只有 4 个通道，与 CANRIG-1275 系列等国外传统旋转头多达 13 个通道的设计相比，大大降低了旋转头漏油的可能性。

（2）内防喷装置

当井内压力高于钻柱内压力时，可以通过关闭内防喷器切断钻柱内部通道，从而防止井涌或者井喷的发生。内防喷器安装在保护接头与主轴之间，它由上部的遥控内防喷器和下部手动内防喷器组成(手动内防喷器和遥控内防喷器设计结构相同)。上部的遥控内防喷器与动力水龙头的主轴相接，下部的手动内防喷器与保护接头连接，钻井时保护接头与钻杆相接。DQ90BS 系列顶驱的内防喷器内、外螺纹均为 6⅝REG。工作压力可以满足 105MPa（15000psi）要求。

遥控内防喷器靠液压油缸操作换向，带动开关套上的齿条上下移动，与齿条配合的齿轮也同时转动带动内防喷器的球阀 90°旋转。使内防喷器打开或关闭。DQ90BS 系列遥控内防喷器采用齿轮、齿条传动的专利机构来实现球阀的开关，同 CANRIG-1275 系列等国外顶驱相比，具有结构简单、传动精确、传动可靠性高、维护保养更方便等优点。为防止憋泵和其他机械事故，顶驱电控系统内预留泥浆泵与遥控内防喷器连锁控制接口，用于与泥浆泵启动信号进行互锁。内防喷装置如图 4-10 所示，其细节见图 4-11 所示。

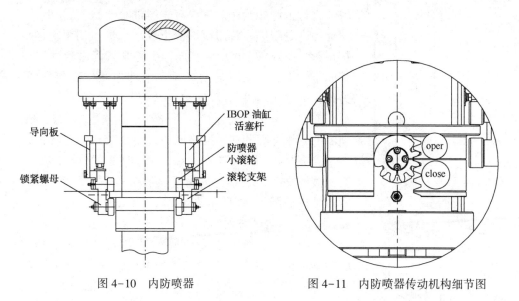

图 4-10　内防喷器　　　　　　图 4-11　内防喷器传动机构细节图

（3）吊环倾斜机构

吊环倾斜功能由倾斜油缸和与之配置的一套 350t、132in/3.3m 钻井用吊环实现。倾斜机构由倾斜油缸推拉吊环吊卡作两个方向的运动，可实现前倾、后倾功能，前倾可伸向鼠洞抓取钻杆，后倾的作用是吊卡在钻井时抬高以使顶驱更大限度地接近钻台面。前倾角度为 30°，后倾角度为 50°，摆动的距离与吊环长度有关，液压系统可以设定中位为自由浮动状态。为适应国际国内日益严格的 HSE 要求，预防吊卡与二层台的碰撞，目前各大顶驱厂商陆续推出顶驱二层台防碰装置，其主要原理是利用包括使用接近开关、利用算法对相对位置进行计算等方式发出防碰信号，进而使得绞车、盘刹等设备产生防碰动作，避免碰撞的发生。

（4）钻柱防松机构

防松装置是为防止顶驱卸扣时主轴与 IBOP 接头及保护接头之间丝扣松开而设置的，由上体、下体、螺栓和牙板组成，防松机构见图 4-12 所示。其工作原理与卡瓦类似，上紧螺栓后，上体和下体对牙板产生轴向力，牙板在轴向力的作用下咬入接头本体，在接头之间要发生相对运动时产生摩擦力，起到防止松扣的作用。防松机构螺栓采用高强度头部带孔六角螺栓，配合锁线使用，起到防坠落作用。

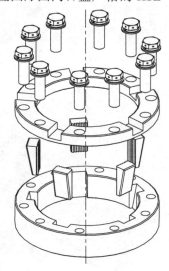

图 4-12　钻柱防松机构

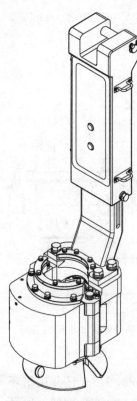

图 4-13　背钳结构图

（5）背钳

背钳的作用是在任何时候、任何位置夹持钻杆接头，进行上卸扣操作。主要有夹紧油缸、扶正机构、承扭臂等部分组成。背钳能够上下浮动，可以用来更换保护接头。NOV VARCO、北石、景宏顶驱背钳独立悬挂在固定轴上，不随回转头转动，上卸扣操作简单方便。另外，夹紧机构采用双油缸对夹结构，夹持均匀、可靠，前后两节由销轴连接，可分开，方便更换。TESCO顶驱的背钳外壳和夹紧缸之间通过自由移动的方桶进行对中，夹紧机构不可拆分。CANRIG顶驱的背钳略微复杂，液压缸拆解困难，但由于其密封可靠，故障率低。背钳结构如图 4-13 所示。

4.1.4.3　单导轨与滑车

导轨的主要作用是承受顶驱工作时的反扭矩。与顶驱本体连接的滑动小车穿入在导轨中，随顶驱上下滑动，将扭矩传递到导轨上。导轨最上端与井架的天车底梁连接，导轨下端与井架的反扭矩梁连接，使顶驱的扭矩直接传递到井架下端（图 4-14）。CANRIG-1275 系列顶驱和景宏 DQ90BS 系列顶驱采用折叠导轨板，钢丝绳拉紧导轨板的滑道上连接有能够上下滑动的安装小车，钢丝绳拉紧导轨板的内板插入滑板轴向豁口内，滑板上有滑板与齿条相配合的锁舌，导轨板和底部导轨上端分别有固定接头，与钢丝绳拉紧导轨板和前 4 节导轨板下端的滑动接头通过铰接块相铰接，末尾导轨板下端内有吊钩，末尾导轨板内

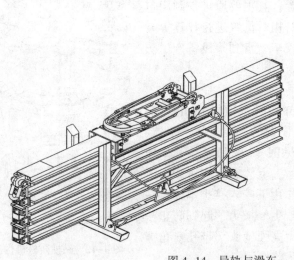

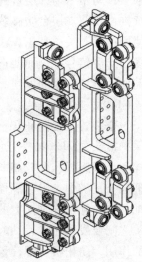

图 4-14　导轨与滑车

连接有下定滑轮。该滑插式折叠导轨板不仅装卸率高，现场不需要高空作业，而且安全性良好，其设计结构为双重防护，大幅度降低了安全作业风险。而VARCO TDS 系列顶驱和北石的 DQ90BS 系列顶驱则采用了分段连接的导轨，安装时效相对较低。

4.1.4.4 电气控制系统

（1）主控制系统

顶驱的电气控制系统主要由变频器 VFD、逻辑控制系统 PLC 和电机控制中心 MCC 组成，具备完善的自诊断功能和保护功能。

顶驱电动机通过两套独立的大功率变频器进行调速，两台变频器可设为主从控制模式控制两台变频电机同步工作，也可单独使用，当一台变频器或者电机出现故障时，可用另一台单独进行应急钻井操作。顶驱变频器单元一般选用 ABB ACS880-07 或西门子 S120 柜式标准控制模块，部分国外品牌会采用安川、AB、丹佛斯等品牌的变频器。近年来随着核心技术装备国产化的推进，汇川等国内厂家生产的变频器也逐步进入石油行业应用。变频器具备各种自我诊断及保护功能，电机控制模式采用最先进的直接转矩控制（DTC）方式（ABB ACS880 系列）或者矢量控制方式（西门子 S120 系列），尤其适合井底复杂的钻井工况的扭矩控制。

电控房与司钻控制台通过 PROFIBUS-DP 或 PROFINET 总线相连，司钻控制台的远程控制站为 ET200M 远程模块，抗干扰能力强，控制准确可靠。主控系统包括进线电源柜、变频柜、综合控制柜等，可实现全部钻井工艺要求的控制功能。

顶驱变频房内的工控机系统用于系统运行参数设置和系统运行状态检测，工控机将包括故障和报警在内的有关运行参数存储在系统内，以便在系统维护时可以查阅历史参数；同时，还可以利用可编程逻辑控制器的通讯接口与电脑通讯，进行参数查阅和程序传输。

（2）司钻操作台

司钻操作台安装在司钻房或者钻台上，用于司钻对顶驱的操作和控制。操作台为不锈钢壳体全密封结构，采用正压防爆设计，外接长供气，可有效阻止可燃性气体的侵入。

司钻台具有钻井操作、扭矩限定、吊环倾斜、背钳操作、刹车操作、IBOP操作、紧急停止、卸扣上跳、井控等功能，包括必要的操作指示灯。配置扭矩表、转速表以及操作顶驱所需要的开关、指示灯、安装件、连接器等，见图 4-15所示。通过司钻台的人机交互界面 HMI，可及时了解钻井过程运行状况、辅助系统运行状况、报警信息等。进入触摸屏的高级设置界面，可进行正反转设置、屏蔽温度传感器以进行应急操作等。

面板各个指示灯和操作按钮/旋钮的功能如表 4-3 所示。

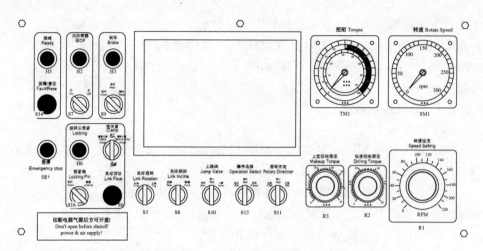

图 4-15　司钻操作台

表 4-3　面板功能

序号	名 称	类 型	功 能
1	变频急停按钮	自锁	当变频器或主电机发生故障时，按该按钮，可停止变频器的运行。故障消除后，应及时解除复位(顺时针旋转)
2	就绪指示灯	绿色指示灯	当系统做好一切开机准备工作后，该指示灯亮
3	故障/报警指示灯	红色指示灯	当系统出现报警时，每秒钟闪动一次；故障时，指示灯常亮
4	刹车指示灯	红色指示灯	指示灯亮时，表明刹车制动器工作
5	制动方式制动/松开/自动	三位旋钮	在制动位置时，制动电磁阀工作，开始刹车，刹车指示灯亮。在自动位置时，由 PLC 系统控制自动刹车。在松开位置时，电磁阀松开主轴可自由旋转
6	内防喷器关 IBOP	红色指示灯	当内防喷器阀关闭时，灯亮
7	内防喷器关闭/打开	二位旋钮	打到关位置时，液压阀关闭内防喷器，使泥浆循环系统关闭
8	井控	红色按钮	当发生井喷时，按该按钮与其他设备连锁
9	电机选择 A/A+B/B	三位旋钮	通过此开关来选择顶部驱动电机：A 或 A+B 或 B
10	液压泵运行指示灯	绿色指示灯	当液压泵正常运行时灯亮
11	液压泵开关自动/停止/启动	三位旋钮	开关在停止位置时，液压泵停止运行；在启动位置时液压泵运行；在自动位置时，在自动位置时，按 PLC 逻辑运算结果动作
12	吊环悬浮	按钮	控制吊环中位电磁阀，当按下该按钮时，吊环浮动到井眼位置
13	吊环回转左转/右转	三位旋钮自动回中位	弹簧复位旋钮，自动回中间位置。当在左转位置时，回转头向左旋转；当在右转位置时，回转头向右旋转；当放开时，自动返回中间位置，回转头停止

序号	名　称	类型	功　　能
14	吊环倾斜前倾/后倾	三位旋钮自动回中位	弹簧复位旋钮，自动回中间位置，在中间位时锁住油缸。前倾位置时，倾斜油缸可推动吊环吊卡伸向鼠洞或二层台；后倾时，使吊卡在钻井时与钻具脱离接触。可使背钳底部尽可能接近钻台面
15	液压吊卡关闭/打开	二位旋钮	控制吊卡的打开与关闭
16	电机风机自动/停止/启动	三位旋钮	用于控制主电机冷却风机的运行。启动位置时，风机启动；停止位置时风机停止；自动位置时，根据PLC输出逻辑起停
17	电机选择方向正转/停止/反转	三位旋钮	确定主电机的旋转方向
18	操作选择钻井/旋扣/上卸扣	三位旋钮右侧自动回中位	选择操作形式，用来对最大扭矩限定值进行不同的设置
19	背钳放松/卡紧	二位旋钮自动回左位	配合模式开关上卸扣，向右旋转并保持时，启动背钳卡紧装置，夹紧钻杆。放手时自动回旋扣位置，背钳释放
20	上扣扭矩限制	电位器	上扣操作时，设置变频器当前极限值，设定上扣允许的最大转矩
21	钻井扭矩限制	电位器	钻井作业时，设置变频器当前转矩极限值，设定钻具允许的最大转矩
22	转速给定	电位器	正常钻井操作时，设置变频器当前转速值，设定钻具允许的最大转速
23	转矩表	计量表	指示本体主轴输出的实际转矩值，单位 kN·m
24	转速表	计量表	指示主轴输出的转速值，单位 r/min
25	复位/静音按钮	绿色按钮	按下此按钮，可进行故障复位和静音
26	卸扣上跳	绿色按钮	当按下此按钮时，液压泵给平衡油缸二次增压，使顶驱上提大约7cm，防止损坏钻杆连接螺纹
27	液压吊卡联锁	绿色按钮	当按下此按钮时，确认吊卡动作

（3）触摸屏

触摸屏是各种操作的界面，可大体上分为如下的3个区域，分别显示不同的信息。

工具栏：在屏幕的下方，在工具栏内是画面切换的按钮，画面右上方是当前的日期和时间。

显示区：在屏幕中部，画面显示区是进行监视以及控制操作的区域。

标题栏：显示名称。

在工具栏上可以单击相应的画面按钮进入如下监控画面：主画面；辅助画

面；报警画面；高级管理。

① 主画面

显示顶驱本体主轴的转矩、主轴的转速，以及各辅助电机的参数，包括：主电机转速、运行频率、电机电流、电机转矩、电机功率、电机温度、电机的运行、故障、风机运行的指示等，如图4-16所示。

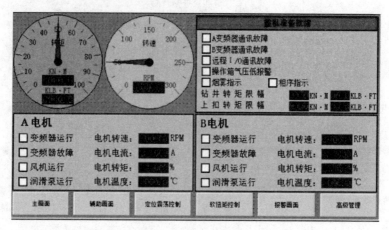

图4-16　顶驱主画面

② 辅助画面

包括有吊环系统、液压系统、润滑油系统、其他系统的信息指示：

吊环系统包括有：吊环正转、吊环反转、吊环前倾、吊环后仰、吊环中位的指示。液压系统包括有：液压泵运行、液压系统液位低、高温报警、加热以及液压油温度的指示。润滑系统包括有：润滑泵运行、压力低、高温报警、加热和润滑油温度的指示。其他系统中包括：IBOP阀开、IBOP阀关、背钳夹紧、背钳放松、刹车指示。具体见图4-17所示。

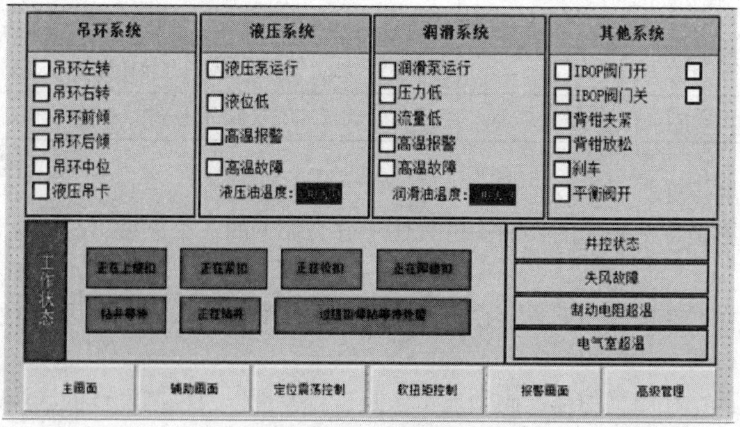

图4-17　顶驱辅助画面

③ 报警画面

可以记录本次运行所产生的报警记录，如图4-18所示。

④ 高级管理

需要登录后才可进入的画面，用窗口弹出的键盘输入用户名和密码后可以进入高级管理页面，见图4-19所示。登录后，画面如下，绿色表示当前的状态。用户可以选择是否进行试验，是否允许反转，具体见图4-20所示。

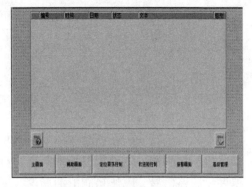

图4-18 顶驱报警画面

图4-19 登录界面

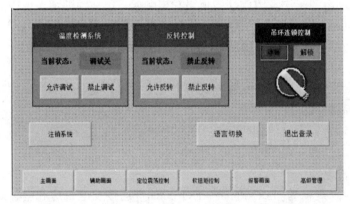

图4-20 顶驱高级管理界面

司钻台提供一路4~20mA转速和扭矩信号输出接口，配防爆快速插头插座，供录井监测使用；电控房提供泥浆泵联锁信号，配防爆快速插头插座，满足现场工况要求。

（4）电气控制房

控制房内部装修为环保阻燃材料，墙体上带有与外部电缆连接的接口。房内装有温度和湿度检测装置，可对房内的空气条件进行检测，实时发出报警信息。电气传动与控制系统的机柜均集中在电气控制房内，安装牢固可靠，维护方便。

变频房配备 3 套空调调温系统，三台空调互为备用，保证使用 1 台最多 2 台空调时，控制房内室温不超过 25℃，相对湿度低于 80%，可以满足复杂温度环境下大功率温度调节的需要。

控制房内安装有辅助变压器，容量为 60kV·A，可把三相 600V 交流电交成三相 380V 交流，可满足没有 380V 发电机的井队的要求。

（5）本体接线箱

本体接线箱安装在顶驱本体上，其功能是提供控制电缆的连接，为主电机冷却风机、加热器、电磁阀组等提供交、直流电源或者对其进行控制，读取主电机温度传感器信号、减速箱润滑油温度、压力信号等，以便系统监控。

（6）主动力电缆

目前国产顶驱的主动力电缆采用专门设计的顶驱专用电缆，强度和屏蔽性能优越，接头采用进口 Amphenol 专用防爆插头，连接快速牢固，密封可靠。

电缆外部采用橡胶护套保护处理，提高机械强度。共计 105m（373MCM），给主电机供电。北石、景宏、NOV VARCO 的电缆共分为三段，地面电缆 26m，井架电缆 53m，游动电缆 26m，地面电缆与游动电缆可互为备用。CANRIG 1275 系列顶驱则省去了井架电缆，地面电缆直接接到导轨上的电缆接线箱与游动电缆相连，安装更为方便，节省了大量安装时间。

（7）辅助电缆及控制电缆

顶驱辅助电缆采用专门设计的顶驱专用电缆，包括辅助动力电缆和控制电缆两种，均采用整体防护，外层屏蔽。信号电缆一般采用多层屏蔽方式，抗干扰能力强，通用性好。CANRIG 1275AC 系列顶驱控制电缆可以选用光纤，完全克服了电磁干扰。

辅助动力与控制电缆的安装方式与主电缆相同。电缆外部均采用橡胶护套保护处理，提高机械强度。

（8）司钻台辅助/控制电缆

司钻台电缆为一根 12 芯、50m 长电缆。

（9）电源电缆

电源电缆（规格为：$3 \times 360 mm^2 + 1 \times 185 mm^2$）连接发电机房和电控房，长度为 25m，配备标准线鼻子。

（10）接地电缆组件

接地电缆配置 2 套接地电缆组件，包括两根 1.8m 接地镀锌棒和电缆。

4.1.4.5 液压控制系统

液压传动系统是顶驱系统的重要组成部分。除主轴旋转由主电机驱动外，其他功能如：上卸扣、吊环倾斜与回转、IBOP 打开与关闭、主电机制动、主体重量平衡等均由液压传动控制实现。

顶部驱动钻井装置的液压系统包括主体重量平衡系统、刹车系统、旋转头回转系统、吊环倾斜系统、IBOP 控制系统、背钳系统、液压吊卡等。

液压系统由以下几大部分组成：液压源、液压阀组、执行机构（刹车油缸、平衡油缸、回转头油马达、背钳油缸、倾斜油缸、IBOP 控制油缸等）、液压管线、附件。

液压系统的主要技术参数如下：

工作压力：13.5MPa；

工作流量：37L/min；

电源：380VAC/50Hz；

主泵电动机功率：5.5kW 6 级；

油箱容积：110L；

电磁换向阀控制电压：DC24V；

防爆等级：EXdIIBT4；

系统介质清洁度：7 级（NAS1638）；16/13（ISO 4406）；

过滤精度吸油滤：吸油滤 100μm；高压滤 10μm；润滑滤 100μm。

阀块共有七个控制油路，分别控制不同的操作功能。

（1）刹车油缸控制回路

刹车油缸为弹簧复位的单作用缸，一组刹车共有 4 个油缸，见图 4-21 所示。刹车油缸所需的压力低于系统压力，所以回路中设置了减压阀，出厂时设定在 11.5MPa（此压力值可在 MP1 测压口测得）。可根据不同的情况设定不同的压力。刹车油缸需要安全可靠，通常选用无泄漏的电磁球阀作为换向阀，并在 P 口增加了用以保压的单向阀及在油缸口增加了蓄能器，保证刹车过程中刹车不松开；在刹车松开状态时，有时背压的升高会引起刹车的误刹，所以将刹车油缸的回油口单独接回油箱，保证无背压。

刹车回路的调整：在液压阀组 MP1 处连接测压表 YYB-1，刹车动作时观察压力表的读数，压力为 11.5MPa。压力值大于或小于 11.5MPa 时，通过以下步骤调整刹车油路压力：

① 将司钻操作台液压泵操作旋钮打到"启动"状态。

② 刹车旋钮打到"制动"状态。

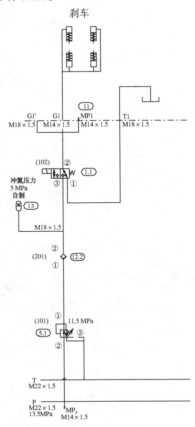

图 4-21　刹车油缸控制回路

③ 松开减压溢流阀 MVSPM22 的锁紧螺母，使用内六方扳手顺时针或逆时针调整减压溢流阀(顺时针旋转使压力增大，逆时针旋转使压力减少)。

④ 观察压力表，达到设定数值 11.5MPa 时，停止并锁紧固定螺母。调整完毕。

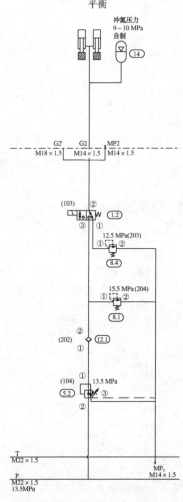

图 4-22　平衡系统控制回路

（2）平衡系统控制回路

平衡系统的主要作用在于平衡本体重量，其功能相当于大钩补偿弹簧，保护丝扣在上卸扣时不磨损。在平衡系统中设置了 3 级压力：系统压力 13.5MPa，次级压力 12.5MPa(实际调整会有差别)，安全压力 17MPa，次级压力的切换可通过电磁球的电磁铁得电来实现。平衡系统的保压性要求高，这里用三点来保证：蓄能器、无泄漏的电磁球阀、P 口的单向阀。初始安装时，可使用配套软管连接 MPT 和 MP2 口，使油缸泄压后来实现。蓄能器为压力容器，使用时应注意安全，首先应该使用专用的充氮工具进行充气，冲氮工具用于蓄能器的充气、排气、测定和修整充气压力等。蓄能器中只能充装氮气，不能充其他气体，在本回路中，蓄能器的作用是缓冲、减震和保压功能。平衡系统控制回路如图 4-22 所示。

在正常作业过程中，若平衡系统不能正常工作，需要按照以下步骤进行调整：

① 在液压阀组 MP2 处，连接测压表 YYB-1。

② 将司钻操作台液压泵旋钮到"启动"状态。

③ 按下平衡上跳按钮，观察顶驱是否有上跳动作，并确认测压表数值。

④ 平衡液缸若无动作，松开减压溢流阀 5.2 的锁紧螺母，使用内六方扳手顺时针或逆时针调整减压溢流阀(顺时针旋转使压力增大，逆时针旋转使压力减少)。

⑤ 观察测压表数值达到 13.5MPa，并且顶驱已经执行上跳动作。

⑥ 停止调整并锁紧固定螺母。

⑦ 拧紧溢流阀 8.4 的锁紧螺母，顺时针调整到最大，使阀工作在最大压力状态。

⑧ 平衡上跳动作执行 1 分钟后，观察压力表。逆时针调整溢流阀 8.4，直到顶驱开始下落时，观察测压表的数值应为 12.5MPa。然后再顺时针旋转 1/8 圈，锁紧固定螺母。调整完毕。

这个回路的设计是为了降低钻杆接合或松开时对扣型的影响，因此不同的顶驱也有不同的方式，DQ90BS-JH 采用的是 VARCO-11SA 的控制方式，称为立柱上跳功能，即在不悬挂钻杆时平衡系统压力刚好就是撑起顶驱自身重量的压力。

（3）回转头控制回路

回转头回路(见图 4-23 所示)使用的一个液压马达。虽然回路使用的是系统压力，但在 P 口安装一个定阻尼，用于控制油马达的压力和速度，此设计方法既完成了该控制油路的功能，又省却了调整的步骤。

（4）背钳机构控制回路

背钳控制回路(见图 4-24 所示)使用的是系统压力，液控单向阀能使背钳的钳牙长时间停在任意位置(当换向阀的两个电磁铁均失电时)。主要用来在正常打钻时，使卡瓦不外露，以防止碰伤钻杆。

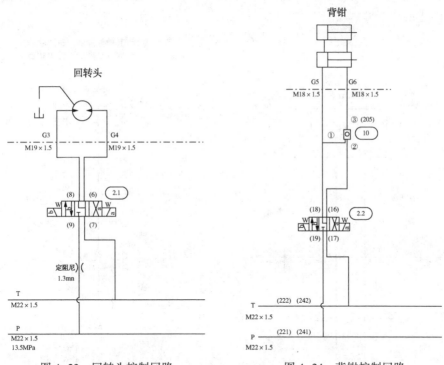

图 4-23　回转头控制回路　　　　　图 4-24　背钳控制回路

（5）液压吊卡控制回路

因为各类液压吊卡控制箱所需的压力是不同的，所以回路中设置了减压阀，例如图 4-25 所示顶驱配套安装液压吊卡，根据此液压吊卡所需压力，出厂时设定在 15MPa(此压力值可在 MP8 测压口测得)。

调整液压吊卡回路首先需要在液压阀组 MP8 处连接测压表 YYB-1，观察压力表的读数，压力值为 15MPa。小于 15MPa，请按以下步骤调整液压吊卡油路压力：

① 将司钻操作台液压泵旋钮打到"启动"状态。

② 液压吊卡旋钮打到"关闭"状态(2 分钟内)。

③ 松开减压溢流阀 5.3 的锁紧螺母，使用内六方扳手顺时针调整减压溢流阀(顺时针使压力增大，逆时针使压力减少)。

④ 观察压力表，达到设定数值时，停止并锁紧固定螺母。调整完毕。

（6）防喷器控制回路

IBOP 油缸所需的压力低于系统压力，所以回路中设置了减压阀，出厂时设定在 6MPa(此压力值可在 MP12 测压口测得)，可根据不同的情况设定不同的压力。如图 4-26 所示回路中的换向阀为 M 型，当辅助回路不工作时，此阀处于中位，整个辅助系统泄压，需注意的是：辅助回路中任何一个油缸动作都必须先使此阀换向，否则系统失压。回路中的液控单向阀的作用是锁住油缸上行程位置(即防止油缸下滑)。

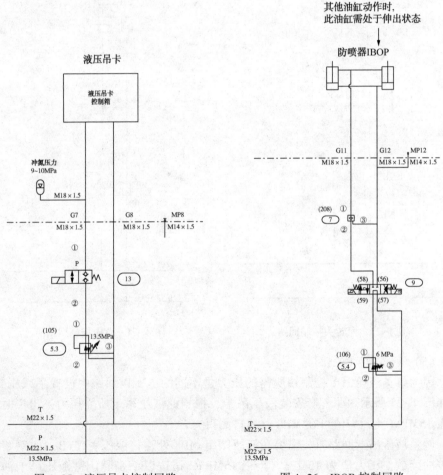

图 4-25　液压吊卡控制回路　　　图 4-26　IBOP 控制回路

调整防喷器控制回路首先需要在液压阀组 MP12 处连接测压表 YYB-1，观察压力表的读数，压力值为 6MPa。大于或小于 6MPa，请按以下步骤调整防喷器油路压力：

① 将司钻操作台液压泵旋钮打到"启动"状态。

② 防喷器旋钮打到"关闭"状态。

③ 松开减压溢流阀 5.4 的锁紧螺母，使用内六方扳手顺时针或逆时针调整减压溢流阀（顺时针使压力增大，逆时针使压力减少）。

④ 观察压力表，达到设定数值时，停止并锁紧固定螺母。调整完毕。

（7）倾斜机构控制回路

倾斜回路见图 4-27 所示，其使用的是系统压力，当 O 型的防爆换向阀处于中位时，可以使倾斜臂以及与之相连的吊环吊卡在短时间内停在任意位置；两个溢流阀的作用是：当现场有误操作时（撞上重物等情况），此阀溢流，保证倾斜臂不被撞弯。防爆的电磁锁阀的两个电磁铁均得电时，能使吊环吊卡在钻井过程中始终处于自由状态以防止磨损吊卡。

调整倾斜控制油路首先需要在液压阀组 MP10（后倾为 MP9）处连接测压表 YYB-1，观察压力表的读数，压力值为 11.5MPa。大于或小于 11.5MPa，请按以下步骤调整防喷器回路压力：

① 将司钻操作台液压泵旋钮打到"启动"状态。

② 倾斜机构旋钮打到"前倾"（调节后倾时，打到后倾）状态，并一直保持。

③ 松开溢流阀 8.3（后倾为 8.4）的锁紧螺母，使用内六方扳手顺时针或逆时针调整溢流阀（顺时针使压力增大，逆时针使压力减少）。

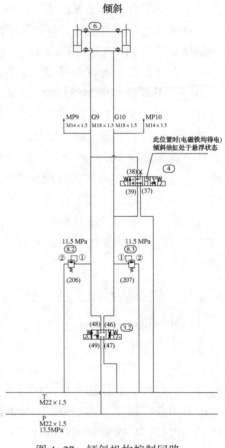

图 4-27 倾斜机构控制回路

④ 观察压力表，达到设定数值 11.5MPa 时，停止并锁紧固定螺母。调整完毕。

4.2 顶驱软扭矩装置

提质提速提效是石油钻井工程永恒的追求。在我国能源战略及钻井大提速的背景下，对钻井速度与质量的要求越来越高。而随着油气勘探开发向深层、深海等高难度、高风险区域的扩展，井越来越深，地层越来越复杂，钻井难度也越来越大，尤其是深部地层机械钻速低，直接影响着油气勘探开发的进展，因此提高难钻地层机械钻速极为迫切。一方面，难钻地层的机械钻速有待提高；另一方面，作为石油钻井主力钻头之一的 PDC 钻头黏滑现象亟待解决。黏滑导致钻柱扭转振荡、钻进过程不稳定，以剪切破为机理的 PDC 钻头普遍存在黏滑问题，平均每10s 发生 1 次黏滑。这种剧烈不稳定的钻进不但容易造成复合切削片崩齿，导致 PDC 钻头失效，也易使钻头松扣，诱发井下事故；而且钻柱配套部件及井下工具组合受力工况恶劣，疲劳寿命低，也在一定程度上降低了钻井效率。面对难钻地层，破岩依赖刀具的研磨能力而非剪切性能，为此出现了更加耐磨的孕镶钻头，与 PDC 钻头同属金刚石钻头，都有不同程度的卡滑现象。PDC 钻头的吃入深度不够，机械钻速低，例如我国川东北地区坚硬地层平均机械钻速 ≤3m/h，高钻压会加剧黏滑现象。PDC 钻头的破岩过程就是一个扭矩积累与释放的过程，当井底钻头破碎的剪力没有达到岩石破碎的应力时，钻头就会卡住，扭矩随之在钻杆上积累；而当积累的能量足以切削岩石时，能量又在瞬间释放，带动钻具高速旋转，如此往复。在此过程中钻柱所受的扭矩较大，甚至会超过其极限值，扭矩波动较大。黏滑现象会造成钻头损坏、井眼轨迹不佳、机械钻速下降、增加起下钻次数等不良后果。目前，克服 PDC 钻头这种黏滑特性的解决方案有两种，一是调整钻井参数，二是使用井下工具。顶驱软扭矩装置即是采用自动调整钻井参数的方法来解决 PDC 钻头黏滑特性，并且在国际国内得到了广泛运用。

4.2.1 软扭矩系统发展过程

20 世纪 80 年代，Shell(壳牌)公司的 KrieselsP. C 等人在 1989 年介绍了一套综合方法，可以很好地控制钻柱的不稳性及振动问题。该综合方法主要包括：1)应用软扭矩旋转系统 STRS(soft torque rotary system)抑制钻头及 BHA 的扭转和黏滑振动；2)避开临界钻压及危险转速区间，防止 BHA 的屈曲及共振，通过利用钻柱动力学分析软件 DSD(drill string dynamics)优化 BHA 来完成；3)行之有效的振动监测工具；4)按时对钻柱进行定期查验。其中，软扭矩系统是在研究钻柱扭转行为、黏滑振动规律的基础上，建立一个包含了下部钻具组合、钻柱和转盘的数学模型，是 Shell 公司开发的新技术。DSD 则是一种钻柱动力学综合分析软件，它是利用钻柱的屈曲、纵向振动、横向振动和涡动分析开发出来的，主要是对下部钻具组合进行优化设计：首先根据纵向振动原理优化下部钻具组合的长度、减震器的刚度及安放位置；其次通过下部钻具组合的屈曲和横向振动分析，优化稳定器的个数及安放位置，控制钻柱的屈曲及横向振动。Shell 是最早研究软扭矩控制技术的公司，并于 1992 年获得软扭矩控制技术的专利。2010 年，Electro-

Project Soft Torque(EPST)系统成功在 Shell 工程中成功应用，并在国际钻井施工中进行了推广。ElectroProject、Bentec 和 NOV VARCO 三家公司先后获得 Shell 公司软扭矩技术专利授权，并在此基础上开发出 EPST、MK Ⅲ、Soft Speed 等独立的软扭矩控制系统对外出售。Z-Torque 是 Shell 公司 2015 年发布的最新黏滑抑制专利技术，Bentec、ElectroProject 和 NOV VARCO 在获得最新授权后，开发了新一代软扭矩控制系统在国际市场推广应用。

4.2.2 软扭矩的基本原理和功能

4.2.2.1 软扭矩的基本原理

在软扭矩概念提出后，为抑制黏滑现象，以 Shell 为首的软扭矩系统开发公司先后提出了 Torque feedback 控制模式、Soft Torque 控制模式、Soft Speed 控制模式、Z-Torque 控制模式。无论采取何种控制模式，其基本工作原理都是优化顶驱参数，把顶驱转矩控制在发生黏滑的临界点。顶驱驱动带动钻柱旋转，随着井深增加，钻柱系统刚度系数降低。可将顶驱与井下钻头之间等效为一个扭转弹簧，当底部钻头卡顿时，通过对顶驱电机转速的控制，释放扭转弹簧的能量累积，避免发生黏滑振动，保持系统扭矩稳定。其原理图如图 4-28 所示。

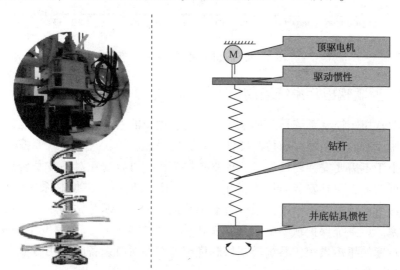

图 4-28　软扭矩系统控制系统原理图

4.2.2.2 软扭矩的基本功能

软扭矩的基本功能如下：

① 采用软扭矩系统钻井可有效降低黏滑卡钻发生的概率，使井下钻具在恰当的转速和钻压下运转；

② 减轻钻进过程中的钻柱振荡，提高井眼质量；

③ 减轻钻头磨损，减少起下钻次数，缩短钻井周期；

④ 降低钻具疲劳失效的可能性;

⑤ 使钻进作业平稳,减小对顶驱的冲击和震动,延长顶驱使用寿命;

⑥ 减少对因为负载大幅度波动造成对电气设备的冲击;

⑦ 提高钻井作业的安全性,可显著降低钻井综合成本。

某工程开启软扭矩系统后,其钻速变得平稳,对比图见图 4-29 所示。

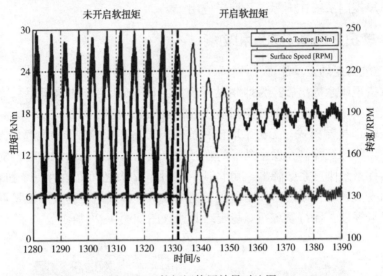

图 4-29　软扭矩使用效果对比图

4.2.3　顶驱软扭矩系统应用

顶驱软扭矩控制系统是附加于原顶驱控制逻辑的一项顶驱控制功能,它利用顶驱系统原有的触摸屏显示控制硬件,将软扭矩控制模块直接嵌入原控制器程序内部,由于不需要安装硬件设备,顶驱软扭矩系统可以避免对钻井平台顶驱系统的大幅度改造,而且安装与操作简单,便于调试。同时,在控制系统的作用下,钻井过程可保持恒转速钻进,系统自动调节顶驱电机转速和钻头转速,从而提高钻进效率。该系统保护顶驱电机和钻头不受黏滑振动影响,避免发生振荡现象,钻柱无过度的扭矩累积,系统转矩控制稳定,增加所有设备的使用寿命。软扭矩系统流程图如图 4-30 所示。

软扭矩控制系统是依据钻具黏滑现象作用机理而研发,通过合理使用,可有效地规避井底钻具黏滑。国内外钻井作业现场证实,此系统能消除钻具黏滑现象,有效减少卡钻事故、保护顶驱和钻具、提高作业时效等。使用闭环反馈实时调制的方法,可减小抖振影响。系统还根据现场工况,设计了针对时变参数的自适应控制算法,从而达到更优的控制过程,实现对黏滑现象的快速识别、精准反馈、高效抑制。

软扭矩控制系统具体使用控制界面如图 4-31 所示。

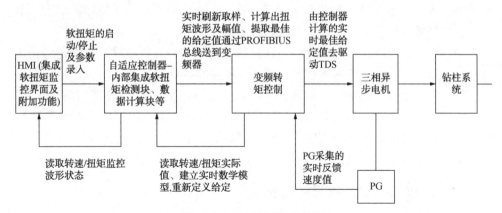

图4-30 软扭矩系统流程图

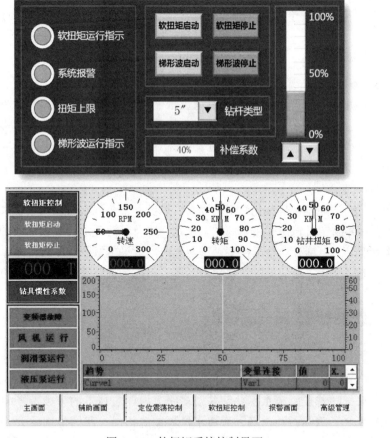

图4-31 软扭矩系统控制界面

1）软扭矩控制模式只在速度控制模式下有效，顶驱启动后，模式是速度控制模式。

2）在速度控制模式下，在使用软扭矩模式前，因为控制模型不同，不同厂家需要输入不同的参数。如北石顶驱需要输入钻具类型和补偿系数即灵敏度，景宏顶驱需要输入钻具大概重量即钻具惯性系数。

3）输入钻具参数后，点击左上角的"软扭矩启动"命令按钮，如果之前在速度模式控制下，可从正常速度控制模式进入软扭矩控制模式，这时软扭矩控制模块接管正常的速度和扭矩限定输入，实行系统内部计算的转速和扭矩给定。

4）右下方的曲线图显示钻井的扭矩和转速曲线。曲线图左侧是实际转速标尺，是固定不变的；右侧是扭矩标尺，根据钻井扭矩限定值的大小自动调整高低；中间区域实时显示转速和扭矩值。

4.2.4　顶驱软扭矩系统总结与展望

伴随着海洋石油钻井和陆地深井的开采需求，开采难度越来越大，如何才能克服钻井过程中的一系列不良扰动，维护钻井安全稳定，同时提升效率，节省成本始终是人们关注的问题。目前国内外对钻井过程中可能发生的振动都有一定的研究和分析，其中黏滑振动是一种频繁发生在钻井作业中的极具破坏性的振动现象，不但影响正常的钻井效率，甚至威胁到钻具的功能和寿命，容易产生严重的安全问题。针对这一现象，我国研究起步较晚，国内很多钻井设备深受这一问题困扰，部分先进的海洋钻井平台花费重金采购国外控制技术。由于国外对这一技术严格保密，一旦设备出现故障，或者更换了部分钻井参数，就需要聘请国外专门的技术人员现场检修，不但大大延长了完井时间，还要承担外籍人员相关的维修费、调节费、差旅费等。因此研制出一套我国自主的软扭矩控制系统，具有十分重要的意义。

随着石油钻井设备自动化水平的提高，以及井下工况实时监测设备及技术的进步，人们对井底钻具转速和扭矩的动态变化，以及黏滑现象会有更全面的理解和认识，从而推导出更精确的数学模型，进而生产出效果更好的顶驱软扭矩系统。随着钻井工程提质提效提速的推进，软扭矩系统必将成为顶驱系统不可分割的部分。

4.3　顶驱扭摆震荡系统

4.3.1　系统概述

近年来，随着长距离水平井钻井及多级分段压裂技术的突破带来的美国页岩油气革命改变了国际石油市场，颠覆了世界能源格局。我国也因此大力开发非常规油气资源中石化已建成国内首个百亿立方页岩气田——重庆涪陵国家级页岩气示范区，中石油的长宁-威远、昭通两个国家级页岩气示范区也在建设中。非常规油气资源的勘探开发对保障我国能源安全、优化能源结构具有重要意义。在非常规油气资源勘探开发中，水平井钻井技术能延伸非常规油气资源的开发区域，提高单井油气产量，因而在川渝页岩气、新疆玛湖致密油、长庆页岩油等地得到了广泛应用。在水平井定向滑动钻进过程中，托压问题成为困扰钻井提质提速提效的瓶颈问题。托压是由于斜井段和水平段摩阻过大造成钻压无法有效传递到钻头，使得定向困难，无法产生进尺。顶驱扭摆震荡系统是通过升级顶驱变频器及PLC的运动控制功能，精确控制顶驱主轴的旋转方向和角度，反复的正向和反向转动钻具，将滑动钻进时钻具与井壁之间的静摩擦转换为动摩擦，从而大幅度降低摩阻，减少托压，达到提高机械钻速的目的。

4.3.2　扭摆震荡系统控制原理概述

顶驱扭摆震荡控制系统的操作主要由司钻台来完成，扭摆震荡系统的操控是由 HMI 完成，顶驱配置定位扭摆震荡控制功能之后，可以按操作者要求输入预设角度进行定圈数或者角度的正转或者反转，精确度可以达到 1 度，非常方便进行定向井作业；也可以按操作者意图，按一定周期进行正反旋转反复震荡，以按要求活动钻具，提高钻井效率。

扭摆震荡系统界面如图 4-32 所示。

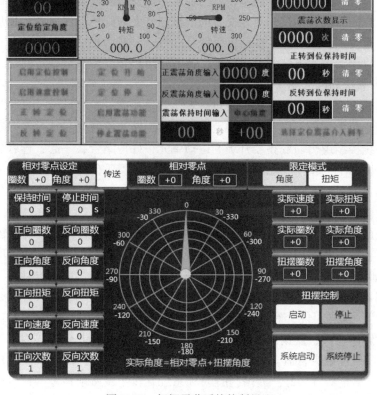

图 4-32　扭摆震荡系统控制界面

界面控制点说明：启用定位控制按钮为红色时表示定位控制模式启动；启用速度控制按钮为红色时表示速度控制模式启动，也就是常规的钻井模式；正转定位或者反转定位为红色时表示定位或震荡启动时的起始旋转方向；定位开始按钮为红色时表示定角度模式启动；定位停止按钮为红色时表示定角度结束；启用震荡功能按钮为红色时表示震荡功能启动；停止震荡功能按钮为红色时表示震荡停止；正震荡角度输入框为要输入的正向扭摆角度；反震荡角度输入框为要输入的反向扭摆角度；震荡保持时间输入框为要输入的角度到位暂停时间；中心角度输入框为要输入的中心角度；旋转角度框为读取的主轴角度值及待清零功能；震荡次数显示框为读取的往复震荡次数及清零功能；正转或反转到位保持时间框为读取的实时暂停时间及清零功能；选择定位震荡介入刹车按钮为红色时表示刹车自动介入。

4.3.2.1　定位功能介绍

定位功能主要是为了主轴扭摆前，将主轴定位到扭摆中心角而设立的。系统就绪状态下，默认操作模式为速度控制模式，按一下启用定位控制，则该按钮变为红色，系统进入定位控制模式。启动定位前，输入定位震荡给定速度，最大为25r/min，输入定位给定角度，最大旋转圈数为7圈，而正转定位或反转定位为启动旋转方向，如果当前方向按钮红色显示为需要启动的方向，则不需要切换方向，如果方向相反，则按一下相反方向的按钮并变为红色，然后就可以启动定位功能了，定位到所需要的角度后，系统自动停止，或者角度有抖动偏差意外情况等，也可以手动按一下定位停止功能，此时定位停止。

4.3.2.2　震荡功能介绍

震荡功能由几部分组成，主要包括震荡启停控制、角度预设、震荡暂停时间预设、中心角度预设、以及震荡次数、正转和反转暂停时间显示及清除功能。扭摆震荡系统控制逻辑与变频器升级的运动单元很好地结合在一起，诠释了石油钻井中水平段井下的扭摆功能的重要性，内部控制逻辑不但具有修正角度偏差及补偿、检测角度抖动及强制换向找预设角度位置等功能，还有手动或自动刹车介入，实时防范系统启动后飞车、反转等情况发生。

震荡(扭摆)功能的控制逻辑是启动震荡(扭摆)前，利用定位功能旋转到中心角位置，输入正向震荡(扭摆)角度和反向震荡角度，正反向振动角度预设值为0~2400°，这个范围的角度预设值是按采油现场最大使用要求设计出来的，完全满足现场任何定向井作业的需求，注意角度不要设定过小或过大，例如输入5°或2400°等，那样可能会有几度的偏差，偏差原因是惯性(加减速)过冲或平台震动等因素影响所致；震荡保持时间可随意设定，但要为钻井效率等因素考虑，尽量设定2s或3s最为合适，启动前看看震荡次数、正向保持时间及反向保持时间是否为0，尽量清零为好；震荡(扭摆)前系统旋转角度必须清零操作，这与使用的变频器运动单元有关；中心角度为震荡(扭摆)启动后需要修改中心位置时，再输入中心角度值，运行中如果司钻发现中心角度不在中心，则需要修正角度，可以停止震荡，也可以运行中输入需要找的中心角，则下个周期中心角度生效，自动匹配找到预设的中心角度；最后设定好初始旋转方向和旋转速度即可。以上设定完毕后，启动震荡（扭摆）功能，系统按预设角度及方向开始扭摆起来，以相对中心角度，做正反两个方向的往复运动。顶驱扭摆过程中，可以随时输入改变正反向振动角度及中心角度大小，但是一个周期内只能输入一次预设角度，待改变的角度生效后，需要改变正反方向扭摆角度或中心角度时，再输入所要改变的角度值即可，在角度改变过程中，系统自动调较、自动修正角度位置，直到角度与设定匹配为止。扭摆运行过程中，由于顶驱的速度检测编码器是皮带式连接的，可能受井架振动等因素影响，会有角度偏差、角度抖动现象发生，而井架的振动是由多种因素决定的，地层分布不均、摩阻变化多样都会导致振动发生。顶驱带动钻杆旋转过程中，如果伴有或大或小的振动发生，检测回来的角度信号就会波动不止，检测信号很难判断停止到位信号，技术人员使用自制算法尝试，不断实验及优化，设计出了一套补偿算法，通过验证，很好地解决了抖动及偏差大的问题。当扭摆功能需要停止时，操作人员按一下停止震动功能即可，扭摆过程中的主轴无论是在正向旋转或是反向旋转，只要过零时，即刻停止扭摆功能，过中心位置停止后停止震动功能按钮变为红色，此时扭摆完毕。当遇到紧急情况，需要紧急停止扭摆动作时，可以双击一下停止震荡功能按钮就可以停止到当前位置（这是个可选功能），也可以按顶驱的操作方式断使能来急停扭摆功能，顶驱扭摆震荡系统内部集成了模块自动计算位置、启动及停止角度、时间以及扭矩等信息。

4.3.2.3　刹车介入功能介绍

石油钻井设备通过驱动器驱动电机带动主轴旋转，过程中遇到井况恶劣、地层多变等情况，也可能发生飞车、反转等危险动作，所以在使用扭摆系统过程中也要注意这些，因此刹车介入功能有必要加入其中。使用顶驱扭摆震荡时，按一下选择定位震荡介入刹车按钮后，该按钮变为红色，刹车功能介入，需要将刹车旋钮打到自动位置，当扭摆震荡运行到设定角度暂停时，刹车启动，暂停时间结束后，刹车松开，继续执行往复扭摆动作，定位功能启动时，则刹车松开，到位停止，则刹车。

4.3.2.4　扭摆连锁功能介绍

定角度或扭摆功能操作完毕或者未完毕，为了防止意外断使能或切换到速度模式，增加了停止复位或清零功能。为了防止再次启动没有复位就启动，导致角度不准或停止运行状态，还有定角度和震荡功能的切换连锁等，以上这些都是对扭摆系统功能的完善。

4.3.3　扭摆震荡系统的优点和特点

扭摆震荡系统通过控制顶驱主轴正、反向往复摆动来减少钻杆与井壁之间的摩阻，可以有效减小托压，主要优点有：无须附加井底设备；可以提高滑动段的速度；快速调整工具面，大大减少了因工具面不稳定造成的非钻进时间；稳定钻压、延长井底钻头等使用寿命；有效延长水平段的距离，增加了油层的钻遇率；同日费高昂并且由国外公司垄断的旋转导向工具相比，大大降低了钻井成本。

4.4　顶驱下套管装置

顶驱下套管装置来源于套管钻井工艺。自 20 世纪 90 年代中期起，加拿大 Tesco 公司（已于 2017 年被美国 Nabors 工业公司收购）就开始研发顶驱下套管技术并成功在钻井作业中应用。Weather Ford 和 Baker Hughes 公司也有相关技术得到应用。虽然套管钻井工艺受限于实际地质情况并没有得到大规模推广应用，但是与套管钻井工艺配套的顶驱下套管装置因其可以旋转套管串和在下套管过程中能够随时开泵建立循环的优点得到了广泛的应用。顶驱下套管装置是一种基于顶驱的集机械和液压于一体的新型下套管装置，其取代了传统的液压套管钳，并集成了旋转和灌浆功能。由于使用顶驱下套管装置的旋转下套管工艺可以下套管的同时实现管柱的旋转、钻井液的循环，因此不仅提高了穿越复杂井段的能力，也为复杂井、水平井下套管作业提供了装备保障和工艺选择，能够更好地解决深井、超深井、大位移水平井以及复杂井套管下入的问题。顶驱下套管装置与顶驱连接，通过其驱动机构实现夹持机构与套管的松开或夹紧，在顶驱扭矩及提升载荷的作用下，完成套管上扣、上提及下放套管等作业。

国外下套管技术装备具代表性的产品有加拿大 TESCO 公司的 Casing Drive System 和 VOLANT 公司的 CRTiM™/CRTeM™ 下套管装置，美国 NOV VARCO 公司的 CRT 系列和 MCCOY 公司的 DWCRT™ 系列下套管装置，这些装置在国际日费钻井市场中以第三方服务的形式得到广泛应用，技术较为成熟。随着我国超深井、复杂井特别是大位移水平井开发的需要，为打破国外公司垄断，降低高额的服务费用，北石厂、景宏公司相继研制出了顶驱下套管装置，并且成功应用。

4.4.1　国产顶驱下套管装置主要技术参数

国产顶驱下套管装置技术参数因适用套管尺寸而异，如表 4-4 所示。

表 4-4　国产顶驱下套管装置主要技术参数

适用套管	最大扭矩	提升载荷	系统工作压力	水眼直径	密封耐压	作用方式
4½~5½in.	35kN·m	3600kN	12MPa	25mm	35~70MPa	外卡
6⅝~9⅝in.	35kN·m	2250kN	12MPa	32mm	35~70MPa	内卡
9⅝~13⅜in.	50kN·m	4500kN	12MPa	76mm	35MPa	内卡
13⅜~20in.	50kN·m	4500kN	12MPa	76mm	15~35MPa	内卡

此外，顶驱下套管装置还可配套液压动力源或者借用顶驱的液压源来为吊环提供动力。

4.4.2 结构及工作原理

顶驱下套管装置作业时连接与顶驱主轴，以顶驱（动力水龙头）为动力源，装置本身具有自密封机构，能够实现与被夹持套管内部自密封，可以在下套管作业的同时循环钻井液，以减少或避免复杂事故的发生。目前美国 Nabors 公司使用的顶驱下套管装置主要有连接部分、驱动部分、夹紧部分、密封及导向头等部分组成，见图 4-33 所示，其他同类产品其外形和原理都大同小异。部分厂家还可以选配吊环及驱动机构以方便下套管作业。

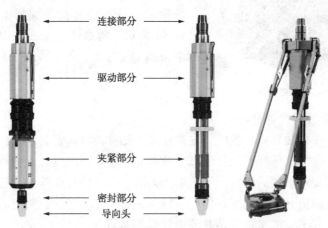

图 4-33　美国 Nabors 公司使用的顶驱下套管装置及吊卡

4.4.2.1　连接部分

连接部分用于将顶驱下套管装置同顶驱保护接头相连，一般采用 6⅝″REG 母扣。安装连接方法和顶驱上扣相同，方便快捷。

4.4.2.2　驱动部分

目前主流的驱动机构设计分为机械式和液压式两种。机械式的驱动机构以加拿大 Volant 公司的 CRTiM™/CRTeM™ 系列和美国 MCCOY 公司的 DWCRT™ 系列为代表。其原理是将顶驱的接头传递的圆周运动转化成驱动机构的轴向运动，从而带动连杆驱动夹紧机构。其优势在于不需要额外连接液压管线，缩短了安装时间。

液压式的驱动机构以加拿大 TESCO 公司的 CDS™ 系列、美国 Weatherford 公司的 TorkDrive™ 系列为代表，我国国产的大庆景宏、北石等顶驱下套管装置也采用液压式的驱动机构。其原理是通过顶驱液压源或者独立液压源，对驱动机构内部的夹紧油缸进行充油，推动油缸进行上下活动，进而带动夹紧机构进行运动。

4.4.2.3　夹紧部分

夹紧部分与驱动部分配合使用，将驱动部分传递过来的轴向运动转变成径向运动，夹紧套管，从而实现扭矩和载荷的传递。

夹紧部分按照夹紧的位置分为外夹紧装置和内夹紧装置。外夹紧装置夹紧套管的外表面，外观较大，适用于小于7英寸的套管；内夹紧装置夹紧套管的内表面，外观较小，适用于大于7英寸的套管。

夹紧机构一般采用楔形锥面夹持结构，用卡瓦牙夹持套管表面，原理类似于普通的套管卡瓦，具有套管串越长夹持力越大的特点。然而，随着夹持力的增加，套管有可能被卡瓦牙咬伤甚至损坏，这是传统卡瓦夹持的一个弱点。针对这个问题，美国Canrig公司推出了新一代顶驱下套管装置SureGrip™，其夹紧部分采用新型的钢球夹持机构替代传统的卡瓦牙，见图4-34所示，将载荷分布在数以百计的高强度不锈钢钢球上，大大降低了套管损坏的可能性。北京石油机械厂也开发出了相应的微牙痕钳牙夹持技术。

图4-34 钢球夹持机构

4.4.2.4 密封及导向部分

该部分由皮碗和导向头组成。皮碗在循环钻井液时起密封作用，其外形与原理同井控试压时的试压杯类似，依靠皮碗与套管壁之间的过盈量使得皮碗紧贴在套管壁上。当皮碗下端的压力大于上端压力时，压差使得皮碗与套管壁之间的过盈量增大，从而更好地起到密封作用。导向头在顶驱下套管装置进入套管时起到导向的作用，其中心的水眼为钻井液循环提供通道。

4.4.2.5 吊环及其驱动机构

使用顶驱进行常规下套管作业时需要将吊环更换为下套管用长吊环，在使用顶驱下套管装置进行下套管作业时，可以使用长吊环，也可以使用专门的顶驱下套管吊环配合前倾液缸及单根吊卡进行作业。前倾油缸上部与顶板连接，下部与吊环连接，实现吊环的倾斜，达到抓取套管的作用。因为此时吊环受力仅为单根套管的重力，所以吊环和吊卡的承载能力可以相应减小，大大提高了井口设备操作的便利性。

4.4.2.6 动力源

顶驱下套管装置动力源可以由单独的液压站提供动力；如果顶驱本体上集成了相应接口，也可由顶驱液压源提供动力，更易于安装，且节省了钻台面空间。

4.4.2.7 扭矩监测及采集记录系统

通过顶驱的HMI系统，可以方便地记录单根套管螺纹的"上扣扭矩-圈数"数据，下套管装置通过电脑采集转速扭矩信号，再将转数转化为旋转的实际圈数，从而获得下套管时对应的旋转位置以及对应的扭矩数据，从而可以判断上扣的实际状态情况并自动生成报表，见图4-35所示。

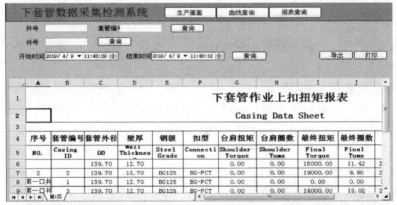

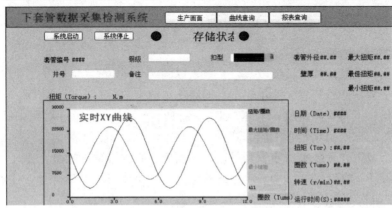

图 4-35 上扣扭矩数据采集报表

4.4.3 顶驱下套管装置优势

顶驱下套管装置提高了下套管作业过程中的安全性。作为钻井生产工艺中最为危险的一个步骤，传统下套管作业钻台面设备繁多、参与作业的人员多、危险源多。顶驱下套管装置不仅减少了作业所涉及的人员，还能够使作业人员远离套管钳这一重大危险源，并且不需要使用套管扶正台，消除了高处坠落隐患。顶驱下套管装置大大减少了钻台面设备和管线，降低了人员磕碰的风险。

顶驱下套管装置提高了下套管作业过程中的时效性。传统下套管作业中，灌注钻井液时需要中断操作，产生大量的非生产时间。而顶驱下套管装置可以实现实时灌注钻井液，并能够在下放套管的同时进行灌浆，极大地优化了作业时间；此外，顶驱下套管装置安装简便，仅需将下套管装置与顶驱保护接头对扣即完成安装，较安装常规下套管装置节约了 1~2h。

顶驱下套管装置提高了下套管过程中处理井下复杂情况的能力。在套管下放遇阻时，可以利用顶驱约 20t 的重量加压下放。顶驱下套管装置配合旋转套管鞋，可以在下套管过程中进行循环、划眼，给处理井下复杂提供了更多选择，极大提高了下套管的通过率。

顶驱下套管装置能够提高固井质量。在下套管过程中旋转套管串，可以使井壁变得更加光滑，改善了套管的居中程度，也改善了水泥浆的顶替效率，提高了固井质量。

顶驱下套管装置能够保护套管。使用顶驱下套管装置能使套管自动对中，避免了错扣；在上扣时，使用顶驱的扭矩限幅功能，可以将扣上到限定扭矩，避免了涨扣情况的发生；顶驱下套管装置具有的循环、划眼功能，可以减少遇阻卡时的大幅度上提下砸造成的拉伸和冲击，避免套管损坏。深井下套管时，管串悬重大，有时上提悬重达到了套管拉伸极限，使用此装置管串可以一直保持下放状态，同时也降低了管串拉断的风险。

4.4.4 下套管装置施工方案说明

下套管装置施工方案如下：

① 用气动绞车从猫道抓取套管，放入鼠洞。

② 上提下套管装置，使吊钳下平面高于鼠洞中的套管接箍上端面。

③ 操作下套管倾斜机构液压控制阀前倾，使吊钳中心超过鼠洞中心，操作倾斜机构液压控制阀回到中位位置。

④ 下放下套管装置，使套管吊钳上平面低于套管接箍下端面。

⑤ 操作下套管倾斜机构液压控制阀悬浮，使吊钳进入套管并处于中心位置，操作倾斜机构液压控制阀回到中位位置。

⑥ 操作吊钳液压控制阀抱紧套管。

⑦ 上提下套管装置，使套管移出鼠洞，套管下端外螺纹高于井口中心套管接箍上端面 1m 左右，操作下套管倾斜机构液压控制阀悬浮。

⑧ 下放下套管装置，对接井口处套管接箍螺纹，对接后继续下放下套管装置，使套管上端引入皮碗中心轴，直至下红色警示灯亮起，顶驱停止下放。

⑨ 操作承载环夹紧缸，夹紧后绿色安全指示灯亮起，操作上卸扣钳油缸夹紧。

⑩ 操作扭矩记录系统开始记录，操作顶驱进行上扣。

⑪ 上扣完成后松开上扣钳，上提下套管装置，移出井口套管卡瓦。

⑫ 下放下套管装置(需要旋转下套管时，背钳可以夹紧)，下放至距离钻台面 4m 位置时，松开吊钳，前倾吊壁 55°以上，超过鼠洞中心，继续下放下套管装置，至钻台面至合适位置。

⑬ 安装套管卡瓦，继续下放 50mm 左右，使套管卡瓦坐实，然后松开承载环油缸，上提下套管装置。完成下套管操作。

⑭ 重复 5~11 操作，下套管循环作业。

其示意图见图 4-36 所示。

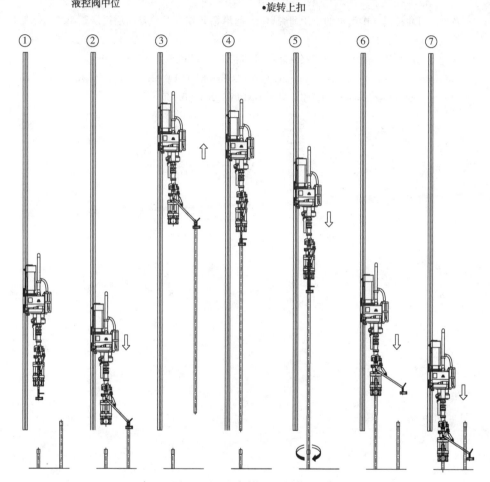

图 4-36　下套管施工方案图

参　考　文　献

[1] 尚诗贤, 张培军, 王春喜. 立式交流异步顶驱电机: 200710062219[P]. 2007-10-06.
[2] 陕小平, 谢宏峰, 庞辉仙. 石油天然气钻井水龙头冲管总成: CN2837498Y[P]. 2006.
[3] 孟晓东, 李联中, 朱长林, 等. 一种钻井顶驱吊环倾斜角度检测装置及方法: CN202010789817. 7[P]. 2020-08-07.
[4] 张红军, 邹连阳, 刘新立, 等. 一种顶部驱动钻井装置多位置双向浮动钳: CN1891970 [P].

［5］周燕，安庆宝，蔡文军，等. SLTIT 型扭转冲击钻井提速工具［J］. 石油机械，2012，40（2）：3.

［6］周燕，金有海，董怀荣，等. SLTIDT 型钻井提速工具研制［J］. 石油矿场机械，2013（1）：4.

［7］罗熙. 扭冲工具在中海油的应用研究［C］. 前沿钻井技术及装备高层论坛暨第二届随钻测控技术研讨会. 2013.

［8］蒋建华. 顶驱软扭矩系统现状及发展趋势［J］. 中国设备工程，2017(19)：3.

［9］Nabors Industries Ltd. Tubular Running Services Brochure［EB/OL］. https://www.nabors.com/sites/default/files/resources/BRCH-TRS_ONLINE_2019_0.pdf

第5章

钻井泵及其现场应用

钻井泵是钻机循环系统的重要组成部分，在钻井现场一般称为泥浆泵。泥浆泵为钻井液提供能量，使得钻井液沿着钻具注入井下，起着冷却钻头、清洗钻具、固着井壁、驱动钻进，并将打钻后的岩屑带回地面的作用。在常规钻井生产作业过程中，泥浆泵将泥浆在一定的压力下，经过地面管线、立管、高压软管、水龙头及钻杆柱中心孔直送钻头的底端，以达到冷却钻头、将切削下来的岩屑清除并输送到地表的目的；在使用井下动力钻具进行钻进时，泥浆泵为螺杆等工具提供能量；使用高压喷射钻井工艺时，泥浆泵提供钻头水马力，用产生的高压钻井液破碎岩层，以加快钻时。

目前我国最常用的泥浆泵是 F 系列三缸单作用泥浆泵，其技术由美国 EMSCO 公司引进，随着国产化进程的提高，也生产出了 3NB 系列泥浆泵。泥浆泵在动力端由动力机带动泵的曲轴回转，曲轴通过十字头再带动活塞或柱塞在泵缸中做往复运动。在吸入和排出阀的交替作用下，实现压送钻井液的目的。

5.1 常用大功率、高泵压钻井泵

5.1.1 钻井泵的组成及特点

现在最常用的钻井泵是卧式三缸单作用活塞泵，该泵主要由动力端和液力端两大部分组成(见图5-1所示)。动力端包括：机架总成、小齿轮轴总成、曲轴总成、十字头总成等；液力端包括：液缸、阀总成、缸套、活塞总成、吸入管路、排出管路等。该泵零部件的设计制造符合 GB/T 32338《石油天然气工业 钻井和修井设备 钻井泵》及 API Spec 7K《钻井和修井设备》规范的要求，液力端的所有易损件(如缸套、活塞、阀总成等)能与符合 API 规范要求的相同零部件具有通用互换性。为了防止气塞和减少出口压力波动，在泵的吸入管路和泵出口一侧分别装有吸入空气包和排出空气包。为了保证泵不超过额定的工作压力，在泵出口的另一侧装有安全阀。为保证泵在高冲数时的上水性能，每台泵应安装灌注泵。

动力端齿轮、轴承、十字头采用飞溅润滑和强制润滑相结合，因而能保证具有良好的润滑条件。液力端的缸套和活塞由喷淋泵供给水进行润滑、清洗、冷却。

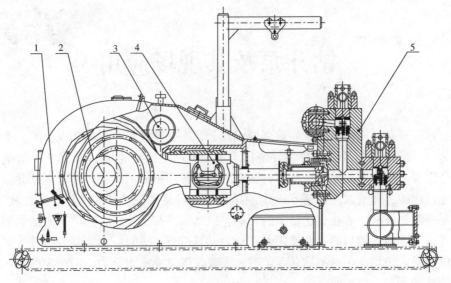

图 5-1　泥浆泵传动原理图

1—机架总成；2—曲轴总成；3—小齿轮轴总成；4—十字头总成；5—液力端总成

经过多年发展，现在钻井泵的各部件设计及制造都非常成熟，以我国常见的3NBF系列钻井泵为例，将各部件的特点介绍如下：

1. 机架

机架由钢板焊接而成，经整体消除应力处理，刚性好，强度高。机架内设置了必要的油池和油路系统，供润滑冷却之用。

2. 小齿轮轴

小齿轮轴为整体人字齿轮轴，采用合金钢材料锻制加工而成，功率 1300hp以下的钻井泵齿轮为中硬齿面，功率 1300hp 以上的钻井泵齿轮为硬齿面，运转平稳，效率高、寿命长。在轴颈处装有内圈无挡边的单列向心圆柱滚子轴承，便于装拆检修。轴的两端轴伸，任一端均可安装皮带轮、链轮、直驱电机或万向轴连接盘。

3. 曲轴

曲轴有合金钢铸件和锻焊件两种结构。曲轴上分别装有大齿圈、连杆、轴承等。大齿圈与小齿轮轴上的人字齿轮相啮合，内孔与曲轴轮盘外圆为过盈配合，采用施必牢防松螺母紧固。连杆大端通过单列短圆柱滚子轴承分别安装于曲轴的三个偏心曲拐上，连杆小端通过双列长圆柱滚子轴承安装于十字头销上。曲轴两端的主轴颈采用双列调心滚子轴承。

4. 十字头与中间拉杆

十字头和上、下导板分别采用球墨铸铁和灰铸铁材料，经热处理后具有良好的耐磨性能，使用寿命长。3NBF 系列钻井泵采用上下导板结构，可以通过在下导板处加垫片来调整同轴度。十字头与中间拉杆之间采用销孔定位配合的法兰螺栓连接，以保证十字头与中间拉杆在一条轴线上。中间拉杆与活塞杆之间采用装拆方便、使用可靠、重量轻的卡箍连接。

5. 液力端

液力端通常有 I 型和 L 型两种，通常排出压力在 35MPa 及以下的采用 I 型液力端，排出压力在 35MPa 以上的采用 L 型液力端。I 型液力端直通式布置，吸入阀与排出阀装配在同一液缸上，结构紧凑、体积小、容积效率高。L 型液力端采用并立式，吸入阀与排出阀分别装配于吸入液缸与排出液缸上，其拆装维护方便，易于检修。液缸采用合金钢材料锻制，经自增强处理并通过镀镍等金属后加工而成，以提高液缸的抗腐蚀能力和使用寿命。近年来，随着生产厂家对使用中暴露出来的问题进行攻关整改，液缸的使用年限大大增加。同型号钻井泵吸入阀和排出阀能通用互换。3NB-500F 钻井泵使用的是 API 5#阀；3NB-800F 和 3NB-1000F 钻井泵使用的是 API 6#阀；3NB-1300F、3NB-1600F 及 3NB-1600HL 钻井泵使用的是 API 7#阀。3NB-2200 钻井泵使用的是 API 8#阀。钻井泵缸套分为单金属缸套、双金属缸套和陶瓷缸套。钻井泵活塞利用圆柱面配合和橡胶密封圈密封，用施必牢防松螺母紧固，既能防止活塞松动，又能起密封作用。

6. 喷淋系统

喷淋系统由喷淋泵、水箱、喷管等组成，其作用是在泵的运转过程中对缸套、活塞进行必要的冷却与润滑，以提高缸套活塞的使用寿命。喷淋泵为离心式泵，由小齿轮轴通过皮带轮驱动，或用电动机单独驱动，用水作为冷却润滑液。

7. 润滑系统

动力端润滑系统分为内置和外置两种形式。动力端采用强制润滑和飞溅润滑相结合的方式。内置润滑系统在油池中安装的齿轮油泵，外置润滑系统在泵外安装电动润滑油泵，通过润滑管线，将压力油分别输送到十字头、中间拉杆、十字头导板及各轴承中去，从而达到强制润滑的目的。齿轮油泵的工作情况可以通过机架后部的压力表或外置压力表进行观察。

8. 灌注系统

为了避免由于泵吸入口压力低而出现气塞现象，每台钻井泵均可配灌注系统。灌注系统由灌注泵及其底座、蝶形阀和相应的管汇组成。灌注泵由专门的电动机驱动，安装在泵的吸入管汇上。

5.1.2　钻井泵的主要技术参数

现在国内钻井泵主要使用的是 F 系列钻井泵，其各厂家的同型号主要技术参数基本相同，如表 5-1 所示。

表 5-1　F 系列泥浆泵主要技术参数

型号	3NB-500F	3NB-800F	3NB-1000F	3NB-1300F	3NB-1600F	3NB-1600HL	3NB-2200
型式	卧式三缸单作用活塞泵						
额定输入功率	373kW	597kW	746kW	969kW	1193kW	1193kW	1641kW
额定冲数	165 次/min（165SPM）	150 次/min（150SPM）	140 次/min（140SPM）	120 次/min（120SPM）			105 次/min（105SPM）
最大缸套直径×冲程	170×191mm	170×229mm	170×254mm	180×305mm			230×356mm
齿轮型式	人字齿						
齿轮传动比	4.286:1	4.185:1	4.207:1	4.206:1			3.9063:1
润滑	强制加飞溅润滑						
吸入管口尺寸	8″法兰	10″法兰	12″法兰	12″法兰			12″法兰
排出管口尺寸	103 法兰	130 法兰	130 法兰	130 法兰		130 法兰	130 法兰
	35MPa	35MPa	35MPa	35MPa		69MPa	69MPa
小齿轮轴直径	139.7mm	177.8mm	196.85mm	215.9mm			254mm
键/mm	31.75×31.75	44.45×44.45	50.8×50.8	50.8×50.8			63.5×44.45
阀腔尺寸	API5#	API6#	API6#	API7#			API8#
主机重量/t	9.77	14.5	18.79	25.85	26.1	28.4	42.55

各型号性能参数对照表如下（表 5-2～表 5-7）。

① 3NB—500F 性能参数

表 5-2　3NB—500F 性能参数对照表

冲数次/分	额定功率		缸套直径 mm 和额定压力 MPa(psi)						
			170	160	150	140	130	120	110
			9.4(1363)	10.6(1537)	12.1(1755)	13.9(2016)	16.1(2335)	18.9(2741)	22.5(3263)
	kW	hp	排量 L/s(GPM)						
170	384	515	36.75(582)	32.56(516)	28.61(453)	24.93(395)	21.49(341)	18.31(290)	15.39(244)
165※	373※	500※	35.67(565)	31.60(501)	27.77(440)	24.19(383)	20.86(331)	17.77(282)	14.94(237)
150	339	455	32.43(514)	28.73(455)	25.25(400)	21.99(349)	18.96(301)	16.16(256)	13.58(215)
140	317	425	30.27(480)	26.81(425)	23.56(373)	20.53(325)	17.70(281)	15.08(239)	12.67(201)
130	294	394	28.11(446)	24.90(395)	21.88(347)	19.06(302)	16.44(261)	14.00(222)	11.77(187)
120	271	363	25.94(411)	22.98(364)	20.20(320)	17.60(279)	15.17(240)	12.93(205)	10.86(172)
110	249	334	23.78(377)	21.07(334)	18.52(294)	16.13(256)	13.91(220)	11.85(188)	9.96(158)
1			0.2162 (3.427)	0.1915 (3.035)	0.1683 (2.668)	0.1466 (2.324)	0.1264 (2.003)	0.1077 (1.707)	0.0905 (1.434)

② 3NB—800F 性能参数

表 5-3　3NB—800F 性能参数对照表

冲数次/分	额定功率		缸套直径 mm 和额定压力 MPa(psi)						
	kW	hp	170 13.8(2002)	160 15.6(2263)	150 17.7(2567)	140 20.3(2944)	130 23.6(3423)	120 27.7(4018)	110 33.0(4786)
			排量 L/s(GPM)						
160	636	853	41.51(658)	36.77(583)	32.32(512)	28.15(446)	24.27(385)	20.68(328)	17.38(275)
150※	597※	800※	38.92(617)	34.47(546)	30.30(480)	26.39(418)	22.76(361)	19.39(307)	16.29(258)
140	557	747	36.32(576)	32.17(510)	28.28(448)	24.63(390)	21.24(337)	18.10(287)	15.21(241)
130	517	693	33.73(535)	29.88(474)	26.26(416)	22.87(362)	19.72(313)	16.81(266)	14.12(224)
120	477	640	31.13(493)	27.58(437)	24.24(384)	21.11(335)	18.21(289)	15.51(246)	13.03(207)
110	438	587	28.54(452)	25.28(401)	22.22(352)	19.35(307)	16.69(265)	14.22(225)	11.95(189)
1			0.2594 (4.112)	0.2298 (3.642)	0.2020 (3.202)	0.1760 (2.790)	0.1517 (2.404)	0.1293 (2.049)	0.1086 (1.721)

③ 3NB—1000F 性能参数

表 5-4　3NB—1000F 性能参数对照表

冲数次/分	额定功率		缸套直径 mm 和额定压力 MPa(psi)						
	kW	hp	170 16.6(2408)	160 18.8(2727)	150 21.4(3104)	140 24.5(3553)	130 28.4(4119)	120 33.4(4844)	110 35.0(5076)
			排量 L/s(GPM)						
150	799	1071	43.24 (685)	38.30 (607)	33.66 (534)	29.33 (465)	25.29 (401)	21.55 (342)	18.10 (287)
140※	746※	1000※	40.36 (640)	35.75 (567)	31.42 (498)	27.37 (434)	23.60 (374)	20.11 (319)	16.90 (268)
130	692	928	37.47 (594)	33.20 (526)	29.18 (463)	25.42 (403)	21.91 (347)	18.67 (296)	15.69 (249)
120	639	857	34.59 (548)	30.64 (486)	26.93 (427)	23.46 (372)	20.23 (321)	17.24 (273)	14.48 (230)
110	586	786	31.71 (503)	28.09 (445)	24.69 (391)	21.51 (341)	18.54 (294)	15.80 (250)	13.28 (210)
100	533	715	28.83 (457)	25.53 (405)	22.44 (356)	19.55 (310)	16.86 (267)	14.36 (228)	12.07 (191)
1			0.2883 (4.570)	0.2553 (4.047)	0.2244 (3.557)	0.1955 (3.099)	0.1686 (2.672)	0.1436 (2.276)	0.1207 (1.913)

④ 3NB—1300F、3NB—1600F 性能参数

表 5-5　3NB—1300F、3NB—1600F 性能参数对照表

冲数 次/分		缸套直径 mm 和额定压力 MPa(psi)					
		180	170	160	150	140	(130)
	3NB—1300F	18.7(2712)	21.0(3046)	23.7(3437)	27.0(3916)	31.0(4496)	35.0(5076)
	3NB—1600F	23.1(3350)	25.9(3756)	29.2(4235)	33.2(4815)	35.0(5076)	35.0(5076)
	额定功率						
	1300	1600			排量 L/s(GPM)		
	kW						
130	1049	1293	50.42(799)	44.97(713)	39.83(631)	35.01(555)	30.50(483)	26.30(417)
120※	969※	1193※	46.54(738)	41.51(658)	36.77(583)	32.32(512)	28.15(446)	24.27(385)
110	888	1094	42.66(676)	38.05(603)	33.71(534)	29.62(469)	25.81(409)	22.25(353)
100	807	995	38.78(615)	34.59(548)	30.64(486)	26.93(427)	23.46(372)	20.23(321)
90	726	895	34.90(553)	31.13(493)	27.58(437)	24.24(384)	21.11(335)	18.21(289)
80	646	796	31.02(492)	27.67(439)	24.51(388)	21.55(342)	18.77(298)	16.18(256)
1			0.3878 (6.147)	0.3459 (5.483)	0.3064 (4.857)	0.2693 (4.268)	0.2346 (3.718)	0.2023 (3.207)

⑤ 3NB—1600HL 性能参数对照表

表 5-6　3NB—1600HL 性能参数对照表

冲数 SPM		额定压力 MPa(psi)						
	缸套直径 mm	180	170	160	150	140	130	120
	3NB-1600HL	23.1 (3350)	25.9 (3756)	29.2 (4235)	33.2 (4815)	38.1 (5526)	44.2 (6411)	51.7 (7500)
	额定功率				排量 L/s(GPM)			
130	1292kW 1733hp	50.42 (799)	45.0 (713)	39.8 (631)	35.0 (555)	30.5 (483)	26.3 (417)	22.4 (355)
120*	1193kW* 1600hp*	46.54 (737.5)	41.5 (658)	36.8 (583)	32.3 (512)	28.2 (446)	24.3 (385)	20.7 (328)
110	1094kW 1467hp	42.66 (676)	38.0 (603)	33.7 (534)	29.6 (469)	25.8 (409)	22.3 (353)	19.0 (300)
100	995kW 1334hp	38.78 (614.6)	34.6 (548)	30.6 (486)	26.9 (427)	23.5 (372)	20.2 (321)	17.2 (273)
90	895kW 1200hp	34.9 (553)	31.1 (493)	27.6 (437)	24.2 (384)	21.1 (335)	18.2 (289)	15.5 (246)
80	796kW 1067hp	31.02 (492)	27.7 (439)	24.5 (388)	21.6 (341)	18.8 (297)	16.2 (256)	13.8 (219)
70	696kW 933hp	27.15 (430.2)	24.2 (384)	21.5 (340)	18.9 (299)	16.4 (260)	14.2 (224)	12.0 (191)
1		0.39 (6.15)	0.35 (5.48)	0.31 (4.86)	0.27 (4.27)	0.23 (3.72)	0.2 (3.21)	0.17 (2.73)

⑥ 3NB—2200 性能参数(活塞结构)

表 5-7　3NB—2200 性能参数对照表(活塞结构)

冲数次/分	额定功率		缸套直径 mm 和额定压力 MPa(psi)						
			230	220	210	200	190	180	170
			19.0 (2760)	20.8 (3015)	22.8 (3310)	25.1 (3650)	27.9 (4040)	31.0 (4500)	34.8 (5050)
	kW	hp	排量 L/s(GPM)						
120	1874	2513	88.75 (1407)	81.20 (1287)	73.98 (1173)	67.10 (1064)	60.56 (960)	54.35 (862)	48.48 (768)
105※	1641	2200	77.65 (1231)	71.05 (1126)	64.73 (1026)	58.72 (931)	52.99 (840)	47.56 (754)	42.42 (672)
100	1562	2095	73.95 (1172)	67.66 (1072)	61.65 (977)	55.92 (886)	50.47 (800)	45.30 (718)	40.40 (640)
90	1405	1884	66.56 (1055)	60.90 (965)	55.49 (879)	50.33 (798)	45.42 (720)	40.77 (646)	36.36 (576)
80	1250	1676	59.16 (938)	54.13 (858)	49.32 (782)	44.74 (709)	40.37 (640)	36.24 (574)	32.32 (512)
70	1093	1466	51.77 (821)	47.36 (751)	43.16 (684)	39.14 (620)	35.33 (560)	31.71 (503)	28.28 (448)
1			0.7395 (11.722)	0.6766 (10.725)	0.6165 (9.772)	0.5592 (8.864)	0.5047 (7.999)	0.4530 (7.179)	0.4040 (6.404)

冲数次/分	额定功率		缸套直径 mm 和额定压力 MPa(psi)			
			160	150	140	130
			39.3(5700)	44.7(6485)	51.3(7445)	52.0(7500)
	kW	hp	排量 L/s(GPM)			
120	1874	2513	42.95(681)	37.75(598)	32.88(521)	28.35(449)
105※	1641	2200	37.58(596)	33.03(524)	28.77(456)	24.81(393)
100	1562	2095	35.79(567)	31.46(499)	27.40(434)	23.63(374)
90	1405	1884	32.21(511)	28.31(449)	24.66(391)	21.26(337)
80	1250	1676	28.63(454)	25.16(399)	21.92(347)	18.90(300)
70	1093	1466	25.05(397)	22.02(349)	19.18(304)	16.54(262)
1			0.3579(5.673)	0.3146(4.986)	0.2740(4.343)	0.2363(3.745)

注:以上所有型号钻井泵按容积效率 100%和机械效率 90%计算,※为额定冲数和额定冲数运转时对应的输入功率。

5.2　新型五缸系列钻井泵

随着超深井油气田的开发和大量水平井钻井的需要,对钻井循环系统的泵压和排量的需求也随之增大,因而对钻井泵的要求也随之而来。传统的三缸泵需要通过增加泵的数量来满足钻井所需的钻井液的排量和泵压的要求。为提升钻井泵性能，减少钻机钻井泵的配置数量，同时为了满足井下随钻测量仪器的正常工作，尽可能减少泵压脉动，美国的威德福、我国的四川宏华、宝鸡石油机械有限责任公司等厂家相继研发了五缸泵。下面以我国自主研发的 5NB2400GZ 型钻井泵组为例，介绍五缸系列钻井泵。

5.2.1　5NB2400GZ 型五缸钻井泵的基础情况介绍

我国石油机械科研人员在传统三缸钻井泵的基础上，采用机电一体化设计，通过技术创新，自主研发出一系列直驱钻井泵组，包括从功率为 1600hp 的轻型三缸钻井泵组到功率为 2400hp/3200hp 的五缸钻井泵组。该系列直驱钻井泵组的研发和生产取得了 14 项发明专利和 19 项实用新型专利，获得了中国首届创新方法一等奖。5NB2400GZ 型钻井泵组是卧式五缸单作用活塞泵，作为钻井作业的心脏，在工作时向井底输送循环高压钻井液，用来冲洗井底、破碎岩石、冷却润滑钻头，并将岩屑携带返回地面，同时为井下动力钻具和钻头提供水马力。

5.2.2　5NB2400GZ 五缸钻井泵的先进性

5NB2400GZ 五缸钻井泵的先进性表现在以下几个方面：

（1）采用直驱结构，小齿轮直接过盈连接在电机轴上，无须联轴器、皮带、驱动轮及减速箱，避免了带传动的预张紧力，采用滑动轴承技术大幅度提高了承载能力，使得动力端可靠性高。主电机采用自动加脂装置，3~5 年内免维护。

（2）在满足传统泥浆泵高泵压条件的要求下，还能够达到大排量，泥浆泵功率储备充足，可靠性高，能够满足现代钻井对钻井泵动力的要求。同样泵冲下排量是常规三缸泵的 1.67 倍。

（3）压力排量波动小，无须安装空气包。理论上压力波动幅度是三缸泵的 1/3，井队现场实测压力波动幅度为 2%~3%，尤其是在定向钻进时，能够使随钻仪器信号传输稳定，节约大量定向时间。

（4）十字头同轴度免调整。十字头和导板安装时，下导板无须增加调整垫片，中间拉杆能达到 0.1mm 的同轴度要求，并且由于简化了传动系统，十字头位置的机架盖板可以拆卸，极其方便现场进行相关维修。

（5）与 2200hp 皮带轮驱动三缸泵组相比，体积减小 40%，重量减轻 30%，适合安装在陆地、泵房、海洋钻井平台、运输拖挂车，可用于直升机吊装。

（6）两截式快换活塞杆，既可独立更换活塞，又能保证活塞与缸套的高对中精度。

（7）具有完整的钻井泵配套工具确保高压工作安全可靠，随机工具配置进口大扭矩电动扳手和成套套筒组件，充电便携式，方便小巧，能上紧 M38 以下大螺栓，保证检泵高效快捷。

（8）润滑系统可选配风冷或水冷。在非高温地区，采用风冷结构，结构简单，可靠性和可维护性高。

（9）配件通用，缸套与高压泵 P 型缸套通用，活塞，阀体和阀座与 1600HL 高压泵通用，降低了备件采购成本。

（10）运输方便，两侧齿轮箱宽度小于 3m，运输过程中无须拆卸电机和齿轮箱，搬家车次少，复原快。

5.2.3　5NB2400GZ 五缸钻井泵的特色功能

5NB2400GZ 五缸钻井泵的特色功能如下：

（1）标配陶瓷缸套、高品质活塞和阀总成，易损件使用寿命高。陶瓷缸套寿命达到 1500～2000h，较双金属缸套提高了近两倍。活塞寿命达到 400h 左右，阀总成寿命 300h 左右。易损件寿命与起下钻时间相匹配，无须在打钻过程中更换凡尔体凡尔座，减少非生产时间，有效提高钻井效率。

（2）电控系统有电子安全阀功能。通过扭矩限制百分数来实现此功能，如遇到井下卡钻，起下钻过程中突然超压等情况，会自动降泵冲，无须人工降泵冲，保证设备和人员的安全，降低司钻人员的工作紧张程度。

（3）相比传统机械泵，电动五缸泵可以自由给定泵冲，控制排量，无须为了满足泵压排量要求而更换缸套活塞，大幅度减少了工作量。电控系统有扭矩波动报警功能。如果凡尔体凡尔座有刺漏，会报警闪烁，提示人员去检泵，有效防止刺冷缸。

（4）保护措施齐全，安装有电机轴承温度、电机绕组温度、泵冲、油压、油温等传感器参与逻辑控制，保证安全可靠。有效提升设备的自动化智能化控制程度。

（5）可在电控系统中选配液力端健康诊断系统，准确判断并实时显示吸入阀、排出阀健康状态，实现阀体阀座故障的预判，减小液缸刺漏风险，提高设备的可靠性。

5.2.4　5NB2400GZ 五缸钻井泵的经济性能

5NB2400GZ 五缸钻井泵的经济性能如下：

（1）采用单电机直驱结构，效率高、能耗低。泵组直驱齿轮效率较常规皮带驱动泵组效率提高约 7%。

（2）能实现单泵大排量、高泵压钻井，有力助推钻井工作的提速提效。7000m 以上的全井工作周期只需要一开和二开短时间双泵工作，大约 70% 时间可以做到一用一备。7000m 和 8000m 井推荐 2 套五缸泵，9000m 井推荐配置 3 套五缸泵。

（3）单台 2400 五缸泵工作对比 2 台 1600 泵同时工作，功率损耗低约 10%。单泵作业相对多泵作业降低能耗。该泵单机作业即可满足不同工况排量要求，降低了 2 台泵开启的无功损耗。单泵作业相对多泵作业，减少修理频次降低工人劳动强度。

（4）动力端可靠性高，只要润滑得到保证，不拉伤十字头和导板；动力端关键零部件均采用锻造结构，使用寿命长，100%额定功率下均能保证可靠工作。目前出厂的五缸泵最长使用时间超过7年，动力端十字头和导板等均未进行过更换。

（5）五缸泵设计结构紧凑，运输过程中只需拆卸灌注系统和五通等，安装复原工作快捷简便。

（6）与常规泵相比，同等情况下五缸泵易损件寿命更长。水基泥浆下活塞最高寿命达到1400h，陶瓷缸套寿命达到1500~2000h。较常规的F系列钻井泵长期使用可节省易损件成本30%左右。

（7）与传统的F系列钻井泵相比，能够减少约60%的泵房占地，并且在搬家时将原来的3车货压缩到1车，节约了土地占用和车次。

5.2.5　5NB2400GZ 钻井泵组技术规范

5.2.5.1　简要的工作原理

5NB2400GZ 钻井泵组主要由钻井泵主体、底座、灌注系统、泄压管汇、喷淋系统、润滑系统等部分组成，与传统F系列钻井泵相比，减少了空气包，电动机采用高处安装。钻井泵主体主要由动力端和液力端两大部分组成，见图5-2所示。动力端由机架总成、小齿轮总成、曲轴总成和十字头部件组成，为液力端提供动力，将回转运动转变为直线往复运动。液力端的活塞借助于动力端的动力在缸套内作往复运动，与吸入阀和排出阀联合作用，将低压泥浆压缩后，排出高压泥浆。钻井泵组的作用是电机驱动泥浆泵，将泥浆罐的泥浆以一定的流量和压力输入高压管汇，以满足钻井过程中对钻井液排量和压力的需求。

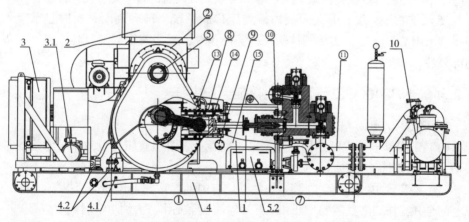

图 5-2　5NB2400GZ 钻井泵组总体图（主视图）

5.2.5.2　主要组成部分

钻井泵泵组主体组件及功能如表5-8所示。

5.2.5.3　主要组件图

钻井泵主要组件如图5-3和图5-4所示。

表5-8 钻井泵主体组件及功能

项目	组 件	描 述
①	动力端	钻井泵区域，将机械旋转运动转换为往复运动，为活塞提供动力
②	驱动机制	电机直驱-双轴伸电机轴直接作为钻井泵的小齿轮轴，小齿轮带动大齿轮，传输动力到钻井泵动力端
③	护罩组件(左)	允许进入左边齿轮副和曲轴的护罩组件
④	护罩组件(右)	允许进入右边齿轮副和曲轴的护罩组件
⑤	小齿轮检查盖	用于检查小齿轮和主齿轮齿接触及齿轮旋向的开口，作为在使用过程中手动旋转小齿轮轴的位置
⑥	后盖板	用于进入连杆大头轴承的开口
⑦	液力端	含有五个模块(液缸组件)区域：吸入和排出阀，吸入和排出管路，缸套和活塞等
⑧	十字头上盖板	用于进入十字头、十字头滑道、十字头销和十字头轴承的开口
⑨	十字头清洁堵头	钻井泵两侧的塞子，用于排放已经沉入十字头腔的污染物
⑩	吸入管路	螺栓连接到液力端的入口处的分配管，用于向液力端提供钻井流体(该管路包含可选吸入空气包)
⑪	排出管路	为排出滤网提供连接，包括泄压阀和排出压力表
⑫	小齿轮总成	动力端组件之一
⑬	曲轴总成	动力端组件之一
⑭	十字头部件	动力端组件之一
⑮	机架总成	动力端组件之一

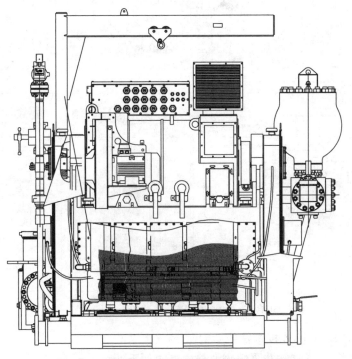

图5-3 5NB2400GZ钻井泵组总体图(左视图)

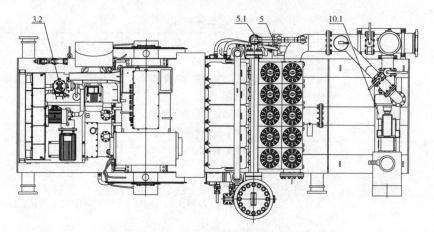

图 5-4　5NB2400GZ 钻井泵组总体图(俯视图)

5.2.5.4　5NB2400GZ 钻井泵组的总体尺寸

图 5-5 展示了 5NB2400GZ 钻井泵组的总体尺寸。

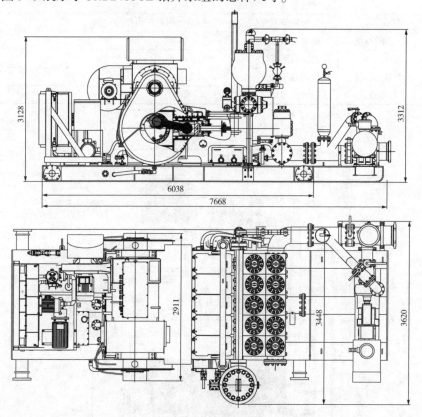

图 5-5　5NB2400GZ 钻井泵组总体尺寸图

5.2.5.5　5NB2400GZ 技术性能参数

5NB2400GZ 五缸钻井泵组主要技术参数如下所示。

型式：卧式五缸单作用活塞泵；

额定输入功率：1800kW（2400hp）；

驱动方式：电机直驱；

冲程长度：304.8mm（12in）；

最大缸径：φ180mm 或 7″；

齿轮速比：4.87：1；

额定工作压力：7500psi；

额定泵冲：115SPM；

额定排量：74.33L/S@180mm 缸套或1150GPM@7″缸套；

吸入管口：305mm 法兰；

排出管口：API 130mm 法兰 10000psi；

阀腔尺寸：API 7#；

总重量：43000kg；

最大外形尺寸（长×宽×高）：6038mm×3597mm×3128mm。

5NB2400GZ 五缸钻井泵连续运行性能参数如表5-9所示。

表5-9 5NB2400GZ 五缸钻井泵连续运行性能参数

冲数 SPM		40	60	80	90	100	115（额定）	120	140	160
110		51.7	51.7	51.7	51.7	51.7	51.7	51.7	49.3	43.1
120		50.4	50.4	50.4	50.4	50.4	50.4	48.3	41.4	36.2
130		42.9	42.9	42.9	42.9	42.9	42.9	41.1	35.3	30.9
140	压力 MPa	37.0	37.0	37.0	37.0	37.0	37.0	35.5	30.4	26.6
150		32.3	32.3	32.3	32.3	32.3	32.3	30.9	26.5	23.2
160		28.3	28.3	28.3	28.3	28.3	28.3	27.2	23.3	20.4
170		25.1	25.1	25.1	25.1	25.1	25.1	24.1	20.6	18.0
180		22.4	22.4	22.4	22.4	22.4	22.4	21.5	18.4	16.1
110		9.66	14.48	19.31	21.72	24.14	27.76	28.97	33.79	38.62
120		11.49	17.24	22.98	25.85	28.73	33.04	34.47	40.22	45.96
130		13.49	20.23	26.97	30.34	33.71	38.77	40.46	47.20	53.94
140	排量 L/s	15.64	23.46	31.28	35.19	39.10	44.97	46.92	54.74	62.56
150		17.95	26.93	35.91	40.40	44.89	51.62	53.86	62.84	71.82
160		20.43	30.64	40.86	45.96	51.07	58.73	61.28	71.50	81.71
170		23.06	34.59	46.12	51.89	57.65	66.30	69.18	80.71	92.24
180		25.85	38.78	51.71	58.17	64.64	74.33	77.56	90.49	103.42
额定功率 kW		623	934	1245	1401	1557	1790	1790	1790	1790

注：长期运行推荐在90%额定功率下运行性能最优，允许短时间90%以上功率运行。

5.3 钻井泵新技术、新工艺

5.3.1 直驱技术

直驱泥浆泵在传统钻井泵驱动装置的基础上采用机电液一体化设计，集成融合了电机直驱技术和数控交流变频控制技术，开发研制了一种新型系列化的电机直驱钻井泵组。

与传统钻井泵组相比，直驱泵组具有以下特点和优势：

1. 创新采用电机直驱方式，取消了中间机械传动机构。由电机直接驱动钻井泵，提高了机械传动效率，降低了传动能耗，较传统感应电机加皮带轮的传动方式更为省电。

2. 采用模块化设计，布局清晰简洁，具有结构简单、外形尺寸小、维护方便、故障率低等优点。

3. 取消了皮带及链条等易损零部件，降低了泵组的运营成本。

4. 恒功率区较传统感应电动机宽，且减少了传动环节，动态响应速度快，便于调速。

5. 传动结构简单，降低了设备的噪声水平。

电机直驱技术作为一项新兴的技术，在降低大型装备的体积、提高传动效率、减少后期维护成本等方面有着积极意义和重要作用，电动直驱产品将会是油气装备行业的重要发展方向，对油气装备发展具有里程碑的意义。电机直驱技术不仅能在钻井泵、顶驱、绞车等钻井设备上使用，还能推广到固井车、连续管作业机、修井机、抽油机、井下作业工具等设备上，做到在油气装备领域的全覆盖，发展直驱技术在"碳达峰、碳中和"的时代背景下具有重要意义。

5.3.2 软泵技术

当两台钻井泵甚至三台钻井泵同时工作时，由于每台泵之间的启动与运行是相互独立的，因而容易造成泵压和排量的波动。泵压和排量的波动会引发管线、空气包的过早损坏、设备的剧烈震动，特别是在井下随钻测量工具工作时，容易引发随钻测量工具信号弱甚至消失，严重影响钻井生产的安全和时效。通用的三缸单作用钻井泵三个缸活塞的相位角相差 120°，在一个冲程内泵压波动三次。为了使第二台泵开泵以后泵压波动最小，需要落后第一台泵 60° 相位角时开泵；如果需要三台泵同时工作，需要间隔 40° 相位角依次开泵，这样才能保证泵压波动最小。

软泵技术是一种对泵组驱动电机进行精确控制的一种技术。其目的是通过软、硬件的作用，使钻机配套的几台泵在运转时能够形成一定的相位差。其硬件主要由安装在每台泵相同位置缸套末端的限位开关组成。不同时间的开关量信号与电机转速信号经过 PLC 处理后得到每个活塞的位置，再通过 PLC 或者变频器的主从控制对泵的转速进行微调，最终达到控制活塞相位角的目的。通过软泵调速之后，高压管路的流量压力曲线更加平稳，减小了钻井泵的排出压力和排量波动，延长了设备的使用寿命，提高了随钻测量仪器信号传输效果，具有良好的经济效益。由于该技术硬件连接简便、操作方便，目前已进入大量推广应用阶段。

5.3.3 钻井泵健康监测技术

作为钻机的"心脏"，钻井泵需要在钻井过程中连续高负荷运转，设备的可靠性对钻井生产至关重要。为保证井下的钻进正常进行，需要对钻井泵进行实时检测，以便于及时发现和排除钻井泵的故障，减少事故隐患、降低设备的维修难度、减少非生产时间等，最终达到保证生产运行、提高经济效益的目的。

钻井泵健康监测技术主要通过传感器是对钻井泵各关键点的关键参数进行实时测量和收集，并通过程序进行记录、分析和处理，在相关数据出现问题时及时报警和分析，并做出故障判断。

钻井泵健康检测应具备主要运行参数实时检测功能，测量参数应包括：驱动电机轴承温度、绕组温度、曲轴轴承温度、小齿轮轴轴承温度、挡板温度、泵压、泵冲、喷淋泵出水压力、润滑油压、驱动电机冷却风机、润滑油泵、喷淋泵、灌注泵运行信号等。

5.3.4 快换工具技术

由于种种原因，钻井泵在使用过程中经常会出现活塞、缸套、凡尔座等设备刺坏的情况。由于钻井泵空间有限，缸套等易损件的更换费时费力，遇到此类情况轻则停止钻进改成循环，重则直接起钻修泵，将严重影响钻井进度。在国外，随着对日费收获率的要求增高，缸套、活塞等的快换工具也随之发展起来。目前设备主机厂，如 NOV VARCO，设备配套厂，如 FET、Premium 等公司，有对应各系列钻井泵的工具，结构合理，技术成熟，能够高效完成钻井泵易损零部件的更换工作。

钻井泵快拆工具通过更换原钻井泵上相关零件就可以使用，不需要更改原钻井泵的结构，不需动火焊接等整改。快拆工具有机械式和液压式，分别在不同的零件上使用。使用液压螺栓的原理，通过液压及碟簧的作用，轻松完成缸套、阀盖、活塞杆等零部件的拆装，实现易损件的快速更换，减少钻井泵停机检修的时间，降低工人的劳动强度。

5.3.4.1 活塞快拆工具

活塞快拆工具将传统的活塞拉杆分成了头部和尾部两个部分，用高强度抗剪销连接，见图 5-6 所示。活塞拉杆尾部通过高强度抗剪销中心拉杆和头部相连，由中心拉杆带着运动。活塞拉杆头部则与活塞相连。需要更换活塞时，只需要盘泵，把中心拉杆回退至合适位置，将活塞拉杆的锁紧机构打开，取出两头的连接销子，将活塞拉杆换成专用的活塞牵引工具（见图5-7所示），将中心拉杆回退到最末端，即可把活塞拔出来。一个熟练工人仅需45s就可将活塞拔出，节约了大量时间。

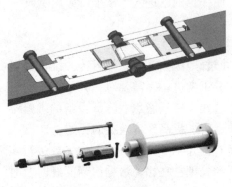

图5-6　活塞快拆工具　　　　　　　　图5-7　活塞牵引工具

5.3.4.2　缸套快拆工具

Premium公司研制出一种利用齿轮组进行缸套快拆的工具。使用这套工具在拆卸缸套时无须使用榔头，只需一把扭矩扳手即可完成。如图5-8所示：该设计把缸套锁紧螺母的外沿做成了一圈大齿轮，另外固定一组小齿轮与大齿轮啮合，用扭矩扳手带动小齿轮旋转即可轻松卸开或者拧紧锁紧螺母，并且通过扭矩扳手能够准确上紧锁紧螺母，全程不需要使用榔头等工具。较常规换缸套的方法节省了80%以上的时间。

图5-8　Premium缸套快拆工具

5.3.5　滑动轴承技术

滑动轴承具有结构简单，制造、装拆方便；良好的耐冲击性和吸振性；运转平稳，旋转精度高；高速时比滚动轴承的寿命长；可做成剖分式等优点。针对滑动轴承不能在低速时承受高压这一问题，我国科研人员利用现代科学设计技术、现代材料技术、现代制造技术等优势，引进压裂设备的技术，解决了滑动轴承的低速重载问题，并利用掌握的滑动轴承的关键设计和制造技术，进行技术创新，研制出了适合高压低速的滑动轴承，对于钻井泵的体积和重量的减少作用非常大，并在钻井泵领域首次引入剖分式滚动轴承，在一定程度上降低了对润滑油的要求。

5.4 新型钻井泵的现场应用情况

随着深井/超深井、高压喷射钻井、大位移水平井、丛式井、海洋平台等新型钻井工艺技术，要求钻井泵往大功率、大排量、高泵压、高可靠性和轻量化方向发展。五缸泵解决了高压下保证大排量的难题，达到提速提效的目的。

目前川渝地区很多都是高压大排量的喷射页岩气井，三开水平段很长，提高喷射钻井的速度排量需要维持在 55L/s 以上，三开压力在 28~30MPa 左右，四开压力在 35~42MPa。在这种钻井工况下，如采用 2 套 1600HL 高压泵，单泵功率需要超过 1600hp 的 85%，不仅液力端易损件寿命急剧缩短，动力端的十字头和导板在高功率、高泵冲和高压力下可靠性大大降低，容易出现拉伤导板甚至损坏十字头和连杆等情况。如果采用 2400hp 五缸泵，三开采用 150 缸套，泵冲 115 冲可以达到 56L/s 的排量，单泵就可以完成工作或可与三缸泵 50 以下泵冲低泵冲配合工作，五缸泵可以保证在高压大排量下的工作可靠性，易损件寿命与起下钻时间相匹配，有效提高钻井效率。钻井速度提快 1 天，节约费用约 15 万/天。

5NB2400GZ 五缸泵从 2020 年 5 月 1 日至 2020 年 10 月 12 日作为主力泵完成中石化中原石油工程公司的两口井的钻井工作，完井井深分别为 5515m 和 5690m，两口井均采用高压喷射钻井，二开泵压长期在 30~35MPa，长期排量在 55L/s，三开泵压长期在 40MPa。在高压段五缸泵表现尤其优异，动力端可靠性高，仅起下钻时间检修泵，全程参与工作，每天进尺 150m 左右，成功完成了该井队的"百日攻坚"项目。

在新疆呼图壁区块，中石油西部钻探准东钻井公司在 2021 年 4 月开始使用两套 5NB2400GZ 五缸泵打探井，钻井参数极其苛刻。一开排量 100L/s、泵压 20~23MPa，二开排量 90~95L/s、泵压 25~31MPa，三开排量 70~75L/s、泵压 32~35MPa，四开排量 50~55L/s、泵压 32~35MPa。需要五缸泵长期在 90% 以上功率工作，对五缸泵是极大的考验。去年该井队采用三套 F-2200 泵，在同样区块完成一口勘探井，井深 7000m 左右，钻井时长 1 年半。同样的高压大排量参数，除了 1 套备用 2200 泵，另外 2 套 2200 泵除了液力端、动力端的十字头、导板、连杆轴承均损坏，最终返厂大修。从 2021 年 4 月 6 日 5NB2400GZ 五缸泵开始钻井工作，在二开最后 960m，双泵同时工作，单泵功率达到 2400hp 的 90%，用时 10 天完成了功率最大段，创造了单日进尺最高 350m。截至 2021 年 11 月 22

日，该井钻至7380米完钻井深，得到了井队及钻探公司设备管理人员一致好评。

五缸泵同等情况下易损件寿命更长，缸套以及阀盖密封圈从开钻均未更换过，活塞水基泥浆下寿命达到1400h，陶瓷缸套从开钻但目前已经8个多月从未更换。五缸泵耐磨盘设计结构与常规泵不同，耐磨盘拆卸方便，可靠性高，目前在用井队还未损坏过耐磨盘。

自2014年以来，5NB2400GZ五缸钻井泵作为世界首创的中国制造产品共销售80余套，已在国内大庆、新疆、川渝地区，国外墨西哥、沙特、巴林、科威特、加拿大、俄罗斯等区域投入使用，获得了国内外客户的高度评价。

参 考 文 献

[1] 周凤石. SL3NB-1300型泥浆泵的研制[J]. 石油矿场机械，1985(06)：3+20-26.

[2] 曾兴昌，宋志刚，黄悦华，等. 大功率钻井泵发展现状与应用[J]. 石油矿场机械，2014
(9)：4.

[3] 吕兰. 石油钻井用新型五缸泥浆泵的研发及应用[D]. 西南交通大学，2014.

[4] 姬明刚，张洪，李宏毅，等. 系列直驱泥浆泵电机及控制系统研制[J]. 石油管材与仪器，
2020，6(5)：3.

[5] 李崇博. 基于ACS800变频器的泥浆泵软泵控制技术[J]. 自动化博览，2016(10)：3.

第 6 章

管柱自动化处理系统

6.1　概述

钻机管柱自动化处理系统(如图 6-1 所示)是由多个机械化设备在钻井作业中协同完成钻杆、钻铤或套管等钻井管柱输送、连接和排放作业的自动化系统,实现了钻进、起下钻、下套管等过程中管柱输送与运移的自动化,达到减轻工人劳动强度,减少井队人员配置,提升施工效率、降低作业安全风险的目的。

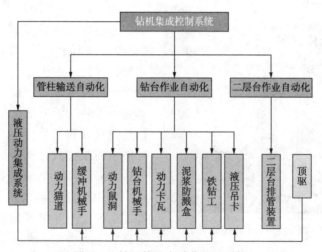

图 6-1　钻机管柱自动化处理系统

钻机管柱自动化处理系统主要包括:动力猫道、二层台排管装置、钻台机械手、缓冲机械手、动力鼠洞、动力卡瓦、动力吊卡、铁钻工、泥浆防溅盒、丝扣自动涂抹装置、液压动力集成系统等,各单元设备均由集成控制装置进行集中控制。

钻机管柱自动化处理系统解决了传统管柱操作人工推拉抬扛劳动强度大、重复频次高、高空作业、工作环境恶劣等系列问题,实现了机器换人,是石油钻机自动化技术发展的核心,也是石油行业智能化发展的第一步。

6.2 国内外管柱处理系统的基本情况

6.2.1 国外管柱自动化处理系统

国外钻机经过柴油机驱动→直流电驱动→交流变频驱动发展到高度自动化(高度集成的钻柱自动化处理系统、一体化固控设备等),并向智能化的常规钻机和连续管钻机方向发展。目前,大部分新型钻机都已配套了相应的自动化设备,实现了钻井作业的自动化,这些钻机的共同特点是:普遍采用了顶部驱动钻井系统和钻井管柱自动化操作系统,主要设备的控制都可在司钻房内的多功能操作椅上完成。操作员通过操作椅控制自动化设备实现钻杆上下钻台、钻进、起钻、下钻、立根排放等钻井作业。

目前国外管柱自动化装备的发展有两种路径,一种是一体化设计的自动化钻机,如德国海瑞克钻机。世界最先进的德国海瑞克公司智能钻机配备弹弓式底座、液压伸缩井架、自动排管系统、动力猫道、铁钻工等先进设备,仅需2人即可在司钻房内完成"无人接管"的全自动管柱作业(20人负责整套设备操作维护和管理使用)。

图6-2 海瑞克TI-350型钻机

海瑞克自动化钻机以TI-350型(见图6-2所示)为代表,它没有配备常规钻机具有的天车、游车、绞车和钢丝绳滑轮等设备,提升系统通过两套立式安装的液压油缸的伸缩来实现钻具的提升和下放。提升系统安装于可伸缩的双柱式结构井架上,其行程可达22m,可双单根作业。该钻机装有一套由液压驱动的水平-垂直管具处理系统,能够将管具由水平旋转至垂直后送入井口(或由垂直旋转至水平后送至地面),因此该钻机未设置立根盒及鼠洞,每个立根在未入井前及从井下起出之后均水平放置于底座前方钻杆盒内,并配备有自动化猫道及管具移运机。以下钻为例,各系统的主要动作流程为:管具移运机提取指定钻杆盒内的立根并水平移至猫道处,猫道将立根举起一定高度,水平-垂直管柱处理系统抓取猫道上的立根,并将立根旋转至垂直状态对准井口,顶驱配合钻台上的铁钻工等完成管柱的连接,提升系统的液缸收缩驱动钻杆下行,起钻过程与此相反。

另一种是立足于当前钻机结构进行自动化改装,本文主要介绍这种管柱自动化装备。

国外的石油设备供应商具有技术成熟、丰富多样的产品，钻机装备自动化已经实现管柱操作自动化。在动力猫道方面：加拿大 CARING 和 TESCO 等公司能够生产，见图 6-3、图 6-4 所示，部分公司的产品不仅能配套陆地钻机，还能为海洋钻机配套，已系列化并成功应用于现场；在铁钻工方面：Weatherford 等公司能够生产，有手臂式和轨道式 2 种类型，已形成系列化，得到广泛应用；在自动吊卡方面：德国 B+V 等公司能够生产，主要有对开门和双开门结构，部分带有自翻转功能，产品规格全；在动力卡瓦方面：美国 DEN-CON 等公司能够生产，有气动和液动两种类型，形成系列化，得到广泛应用；在立根排放系统方面：Weatherford 等公司能够生产，类型多，系列化，早期主要研制用于海洋钻机的重型设备，近年开始研制用于陆地钻机轻型设备，得到广泛应用。

图 6-3　Tesco 公司动力猫道

图 6-4　CANRIG 公司动力猫道

美国国民油井 NOV、挪威 MH 等公司可提供包括动力猫道、铁钻工、自动吊卡、动力卡瓦、二层台排管装置在内的钻机自动化设备，并可通过其钻机集成控制系统进行集中控制。

6.2.2　国内管柱自动化处理系统

国内管柱自动化技术方面起步较晚，与国际先进水平有较大差距，但国内钻机设备厂家和科研院所经过十几年的不懈努力，逐步掌握了相关技术，钻机管柱自动化产品已经进入推广阶段，基本上满足了国内不同地区、不同井深的需要。

6.2.2.1　整体配套

2017 年，胜利钻井院的 DREAM 型钻井管柱自动化处理系统投入工业化应用，其组成及功能见表 6-1，现场应用情况见图 6-5 所示。

2016 年以来，宝石机械厂陆续研制了 3000m～9000m 系列自动化钻机，并批量化推广应用。目前宝石机械厂、三一集团、四川宏华和胜利钻井院已经开发出最新一代的"一键式"管柱自动化处理系统，进一步提高了自动化水平和作业效率，这代产品将代表未来国内钻机装备发展的方向。

表 6-1　DREAM 钻机管柱自动化操作系统组成及功能

子系统	功能	单元设备	
管柱输送装置系统	实现排管架与钻台面之间的管柱输送	动力猫道	缓冲机械手
井口自动化工具系统	实现井口作业自动化	钻台机械手	动力卡瓦
		动力鼠洞	液压吊卡
		铁钻工	
管柱自动排放系统	实现钻井立根的自动排放	二层台排管装置	
钻机集成控制系统	实现系统设备单元的集中控制	集成控制系统	
		液压动力集成系统	

钻台机械手　缓冲机械手

二层台排管装置

液压动力系统　集中控制系统

动力鼠洞　液压吊卡　动力卡瓦

铁钻工

动力猫道

图 6-5　胜利钻井院 DREAM 型钻机管柱自动化操作系统

6.2.2.2　单元设备

　　动力猫道：完成地面排管架与钻台面间管柱输送作业，可自动输送套管至井口。

　　型式包括绞车提升式、液缸举升式、齿轮齿条举升式和直推式等，绞车提升式应用较广。主要制造商包括胜利钻井院、宝石机械厂、四川宏华、石油四机厂等。胜利钻井院研发了上一甩三等型式动力猫道系列产品，见图 6-6 所示；宝石研发了上一甩四和上三甩三高效举升式猫道，见图 6-7 所示；宏华的动力猫道采用齿轮齿条和油缸举升，较钢丝绳可靠性更高。胜利钻井院的截断式动力猫道，底座及输送架可拆分，实现模块化分体运输，最大运输长度 11.5m。

　　二层台排管装置：完成立根在井口（或鼠洞）与二层台之间移运、排放作业，二层台机械手可通过推拉立根的方式，引导井口的立根到二层台指梁，或反向引导二层台指梁的立根到井口；通过与液压吊卡配合可实现起、下钻时二层台无人化作业；可代替二层台井架工的高空作业，降低作业风险，提高作业效率。主要包括动力二层台和二层台机械手，驱动方式包括电驱和电液混合驱动，类型分为扶持式、悬持式和复合式，其中扶持式实用性广，适于多数在役钻机的升级改造；悬持式对井架结构强度要求较高，适于新设计建造的钻机；复合式处理钻杆立根时采用悬持方式，处理钻铤时采用推扶方式，应用较少。主要制造商包括三一集团(见图6-9所示)、宝石机械厂、胜利钻井院(见图6-8所示)、石油四机厂、烟台杰瑞等，石油四机厂研发了上扶下持式二层台排管装置，排放效率可达30柱/小时。

图6-6　胜利钻井院动力猫道

图6-7　宝石机械厂直推式动力猫道

图6-8　胜利钻井院二层台排管装置

图6-9　三一集团二层台机械手

铁钻工：在国内应用较早，功能是快速安全地完成管具的上卸扣和旋扣。早期的铁钻工为轨道式，当前主流型式为伸缩式，带有基座、回转机构和伸缩机构，具有能够有效避让井口和一键移动至井口功能，冲口钳结构类型多样。主要制造商包括JJC(见图6-10所示)、宝石机械厂、四川宏华(见图6-11所示)、石油四机厂、三一集团(见图6-12所示)等，JJC的铁钻工技术成熟、应用范围较广。

钻台机械手：代替人工，完成立根在钻台井口与立根盒之间运移、排放作业，起下钻过程中和二层台机械手配合使用。结构型式和功

图6-10　JJC铁钻工

能多种多样，主要由伸缩臂和机械手抓组成，部分产品具备缓冲机械手的推扶功能。由于钻台机械手安装在钻台大门附近，因此在接单根或接套管时需要避让，避让方式包括 L 型行走、下沉、平移翻倒等。主要制造商包括宝石机械厂（见图6-14 所示）、胜利钻井院（见图 6-13 所示）、江苏诚创等。

图 6-11　四川宏华铁钻工

图 6-12　三一集团铁钻工

图 6-13　胜利钻井院钻台机械手

图 6-14　宝石机械厂钻台机械手

缓冲机械手：安装于钻台上部井架背梁上，功能是从动力猫道接过管柱扶至井口或鼠洞，或者反向推送至动力猫道。结构型式分为折叠式和直推式，前端有手爪，一般为液压动力。主要制造商包括胜利钻井院（见图 6-15 所示）、江苏诚创、四川宏华、山东瑞奥等。

动力吊卡：功能是钻井作业时，用来悬挂管柱，具备自翻转功能，具有双重保护防止锁舌在作业中途打开，内衬可更换，适应多规格管柱。结构型式分对开门、侧开门两种，驱动型式分为气动和液动。主要制造商包括江苏如通（见图 6-16 所示）、江苏诚创等。

图 6-15　胜利钻井院缓冲机械手

动力卡瓦：功能是代替普通卡瓦将钻杆或套管卡持在转盘上，部分产品具有自润滑功能。结构型式多种多样，驱动型式分为气动和液动。主要制造商包括江苏如通(见图 6-17 所示)、江苏诚创、江苏赛孚等。

图 6-16　江苏如通液压吊卡　　　　图 6-17　江苏如通动力卡瓦

动力鼠洞：用于在小鼠洞位置卡持钻铤、钻杆、套管等管具，实现鼠洞内建立柱。驱动型式分为气动和液动，主要制造商包括胜利钻井院(见图 6-18 所示)、江苏诚创(见图 6-19 所示)等。

图 6-18　胜利钻井院动力鼠洞　　　　图 6-19　江苏诚创动力鼠洞

泥浆防溅盒：功能是钻具卸扣上提时，防止泥浆飞溅并回收残存泥浆。一般为伸缩结构，部分具备升降功能或者集成涂抹丝扣油模块，以胜利钻井院的产品（见图6-20所示）为代表，起钻时收集外排泥浆，下钻时自动涂抹丝扣油。

液压动力集成系统：功能是替换钻机的原机具液压站，集中为钻机原设备（如液压猫头、液气大钳、钻机平移装置、套管钳、防喷器移动装置、井架缓冲/底座缓冲装置）及钻台机械手、缓冲机械手、铁钻工、泥浆防溅盒等自动化设备提供液压动力。胜利钻井院的产品较为成熟，见图6-21所示，采用了负载自适应技术、溢流及卸载组合控制技术。

图6-20　胜利钻井院泥浆防溅盒　　图6-21　胜利钻井院液压动力集成系统

集成控制装置：实现对钻机和管柱自动化设备的集成控制。集成钻机电控系统参数显示、参数设置动作控制、预警保护等功能，以及管柱自动化设备的数据显示、动作控制、设备动作安全互锁、预警保护等功能。监测整个钻机的运行参数，控制钻机各配套设备，协调各自动化机具的运行秩序，提高各操作工序执行的效率。采用图形化交互界面，控制软件采用标准化通讯协议，建立ZMS（设备区域安全管理系统）。胜利钻井院（见图6-22）和宝石机械厂（见图6-23）的产品推出较早、市场占有率较高，其他厂家包括三一集团、石油四机厂、四川宏华等。

图6-22　胜利钻井院集成控制装置　　　图6-23　宝石机械厂集成控制装置

6.2.3 "一键式"管柱自动化处理系统

6.2.3.1 "一键式"管柱自动化处理系统简介

"一键式"管柱自动化系统的特点：管柱自动化处理系统实现了部分流程的自动化操作，单元设备操作、设备协同作业仍需要司钻每步进行判断，并发出大量的指令和干预，在集成控制的基础上，把固定的作业流程串联起来，由程序替代人来指挥钻机运行，实现设备并行联动及流程自动化，形成了"一键式"管柱自动化。

"一键式"管柱自动化可实现管柱处理作业（建立柱、起钻、下钻）的全流程一键式操作。在起钻、下钻和建立柱一键式作业过程中，司钻只需设定初始参数，点击开始键即可完成整个流程。在几个关键操作步骤中，司钻目视确认安全后，一键确认下一步操作。

由于操控方式简单，对司钻的熟练度要求更低；司钻动作少，进一步降低了劳动强度；集控代替分布式操作，减少了操作人员，实现每班减员 2 人；通过空间的最优路径规划，多机协同联动，实现起下钻作业时效达到 18~22 柱/h。"一键式"管柱自动化进一步降低了劳动强度，优化了作业环境，提高了作业的安全性，使管柱作业方式发生了显著变化，见图 6-24 所示，所需的人力更少，有助于优化人力资源配置。

图 6-24　设备间协同作业

6.2.3.2 "一键式"管柱自动化处理系统要求

使管柱自动化处理系统具备一键处理能力，需要在以下方面进一步进行提升：

1. 增加单元设备，实现管柱处理作业的全过程自动化，如增加自动清洗和涂抹丝扣油装置、动力排管架等。

2. 管柱识别技术。

3. 智能姿态感知。布设智能传感器，构建联动信息通道，搭建综合信息平台，智能感知，信息共享，实现系统信息的互联互通与闭环控制。

4. 提升单元设备可靠性。

5. 智能 ZMS 区域管理系统。

基于井口位置建立空间坐标系及空间位置数据信息大数据库，将原有目视观察、人工判断升级为自动识别，根据工艺流程确定各设备运行的"交通规则"，各司其职，协同联动，提高运行效率；实时监控、管理各个设备的运动状态，避免作业期间可能存在的坠落、设备碰撞、干涉以及拉拽等一系列安全问题。

此外，还可以增加远程监控与故障诊断功能，规范设备信息管理，方便售后服务和设备维护。

6.2.3.3 "一键式"管柱自动化处理系统主要组成

参与"一键联动"的设备包括动力猫道、二层台排管装置、丝扣清洗装置、铁钻工、钻台机械手、缓冲机械手、动力卡瓦、液压吊卡、绞车及顶驱等。

一键式钻台机械手：自动识别管柱尺寸、方位，辅助抓取管柱，自动判断立柱是否生根或提离立根盒，与二层台机械手排放方式保持一致，精确标定各排立柱倾斜角度和偏移位置，实现存取立根"一键式"操作。

缓冲机械手：具备前倾位移传感器和管柱探测传感器，探测是否扶持住管具，实现精确扶持管柱至鼠洞、井口，与动力猫道配合实现吊卡从猫道提升管柱时猫道小车随动，最终实现钻杆输送管柱至钻台的"一键式"控制。

一键式铁钻工：自动识别获取接箍高度等，实现自动获取管柱尺寸、自动调节钳头至接箍高度、自动调节上卸扣扭矩、自动旋扣完毕口开始上扣等功能，达到"一键式"操作。

一键式二层台排管装置：起钻时自动识别判定立根方位，二层台机械手自动找准管柱位置，从吊卡中抓取；下钻时自动识别钻杆和吊卡的位置，自动抓取管柱并送入吊卡中；自动确认吊卡状态，配合吊卡闭合信号实现双重保护。此外，还可以增加长度测量装置，创建管柱管理系统，为每根管柱设定自身 ID，为后续精确控制游车(接箍)高度提供基础数据。

6.2.3.4 "一键式"管柱处理作业控制流程

一键式起钻作业流程见图 6-25 所示(司钻只需设定初始参数，点击开始键即可完成整个流程，中间过程无须司钻确认)。

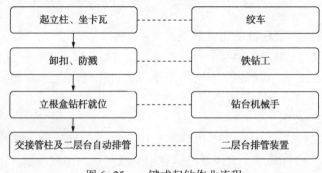

图 6-25　一键式起钻作业流程

各单元设备就绪(绞车、顶驱、液压动力集成系统、铁钻工、卡瓦、吊卡、泥浆防溅盒、钻台机械手、二层台排管装置自检,反馈准备就绪信号,气源压力检测)→司钻选择管具尺寸→吊卡打开,游车下行至合适位置,顶驱吊环前倾,吊卡扣合钻杆(吊卡闭合反馈信号)→动力卡瓦自动打开(动力卡瓦打开信号)→游车上行(游车继续上升至设定高度时,触发铁钻工就位信号)→铁钻工提前进入待命位置→视觉识别判定接箍高度,结合游车高度,给出绞车停止信号,游车停止(游车就位信号)→动力卡瓦自动关闭(卡瓦关闭反馈信号)→铁钻工接收视觉识别的接箍高度信号,自动卸扣(铁钻工开始卸扣信号)→泥浆防溅盒进入待命位置→铁钻工自动卸扣完毕,并退回(退回至安全位置信号)→泥浆防溅盒进入井口,开始防溅(泥浆盒抱住信号)→游车上提 200mm 左右,管柱内泥浆外泄至泥浆桶(设定延时时间,触发下一动作),同时钻台机械手进入准备抓取管柱位置→泥浆防溅盒防溅完毕,退回待命位置(泥浆桶打开信号)→钻台机械手抓住井口管柱(抓住管柱信号)→游车上行,上下管柱脱离(视觉识别判定上下管柱脱离 100mm 左右给出信号)→游车停止→钻台机械手自动将立根排至立根盒第 x 排第 y 根位置(机械手给出到位信号)→游车缓慢下行(视觉识别系统判定立柱生根至立根盒,并给出信号),同时二层台机械手到达准备抓取管柱位置→游车停止(停止信号)→钻台机械手退回,二层台机械手开始抓取管柱(抓住管柱信号)→吊卡打卡(吊卡打开信号)→二层台机械手自动将立根排至指梁第 x 排第 y 根位置(二层台机械手进入不影响游车的安全位置时,给出信号)→游车下行至初始位置,二层台机械手放下钻具之后自动返回井口待命位,准备下一流程。

一键式下钻作业流程见下图 6-26 所示(司钻只需设定初始参数,点击开始键即可完成整个流程,中间过程无须司钻确认)。

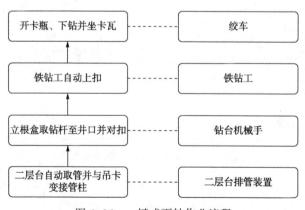

图 6-26　一键式下钻作业流程

各单元设备就绪(绞车、顶驱、液压动力集成系统、铁钻工、卡瓦、吊卡、丝扣油涂抹装置、钻台机械手、二层台排管装置自检,反馈准备就绪信号,气源压力检测)→吊卡打开,游车上行→二层台机械手自动第 x 排第 y 根立根取出,送至待命位置；同时丝扣油涂抹装置进入井口，开始丝扣涂抹，完毕后退回→游车上行至设定位置(到位信号)→二层台机械手根据视觉识别获取的吊卡与钻杆的相对位置，自动将管柱推送至吊卡中，触发吊卡闭合(吊卡闭合信号)→钻台机械手抓取管柱；同时二层台机械手松开钻杆并退回→二层台机械手退回至安全位置时，游车缓慢上行→视觉识别判定立根提起并离开立根盒200mm左右→钻台机械手开始将管柱送至井口附近的临时待命位置，同时游车继续上提→根据视觉识别给出的井口处管具接箍高度，游车将管具提升至合适位置(视觉识别判断吊卡提升管柱下端高于井口内管柱接箍上演200mm左右)→游车停止，钻台机械手将管柱精确送至井口位置并加紧，准备对扣→游车缓慢下放，视觉识别判定对扣完毕，游车停止；同时铁钻工进入待命位置，准备上扣→钻台机械手退回(退回至铁钻工安全位置信号)→铁钻工进入井口位置，开始上扣(上扣完毕信号)→卡瓦打开，游车略微上提(卡瓦打开信号)→游车下放，至设定高度时卡瓦闭合(卡瓦闭合信号)→吊卡打开，同时丝扣油涂抹装置进入丝扣涂抹准备位置→顶驱吊环适当后倾，游车上提，进入下一循环。

一键建立柱作业流程见图6-27所示(司钻只需设定初始参数，点击开始键即可开始整个流程，中间过程需司钻确认4次)。

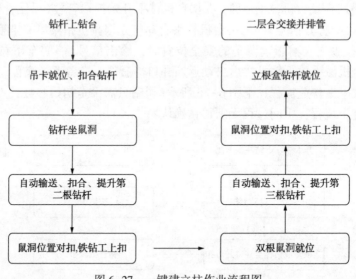

图6-27 一键建立柱作业流程图

各单元设备就绪(绞车、顶驱、液压动力集成系统、猫道、鼠洞、缓冲机械手、铁钻工、卡瓦、吊卡、丝扣油喷涂装置、钻台机械手、二层台排管装置自检，反馈准备就绪信号，气源压力检测)→司钻选择管具尺寸→游车、吊卡就位→上钻具(猫道将钻杆送到鼠洞位置，反馈管具到位信号)→吊卡扣合钻具(吊卡闭合信号)→游车上行(猫道小车随动；游车上升至设定高度时，触发缓冲机械手就位信号)→缓冲机械手伸出准备扶持管柱→游车上行至设定高度，缓冲机械手扶持管柱至鼠洞位置(鼠洞位置信号)→动力猫道退回执行下一循环→游车下行至设定高度，管具送入鼠洞，缓冲机械手收回，游车下行至设定高度，鼠洞关闭(鼠洞关闭信号)→吊卡打开(吊卡打开信号)→吊环略微回收，游车上行→丝扣油涂抹，完毕后撤回→游车下行、吊卡翻转就位(靠近钻台时司钻操作顶驱油缸前倾)→上钻具(猫道将钻具送到鼠洞位置，反馈管具到位信号)→吊卡扣合钻具(吊卡闭合信号)→游车上行(猫道小车随动；游车上升至设定高度时，触发缓冲机械手就位信号)→缓冲机械手扶持管柱→游车上行至设定高度，缓冲机械手扶持管柱至鼠洞位置(鼠洞位置信号)→游车下行并对扣(司钻确认是否对准)→动力猫道退回执行下一循环，缓冲机械手退回→铁钻工上扣→游车适当上提，鼠洞打开→游车下行至设定高度，鼠洞关闭(鼠洞关闭信号)→吊环略微回收，游车上行至设定高度→丝扣油涂抹→游车下行，吊卡翻转就位(靠近钻台时司钻操作顶驱油缸前倾)→上钻具(猫道将钻具送到鼠洞位置，反馈管具到位信号)→吊卡扣合钻具(吊卡闭合信号)→游车上行(猫道小车随动；游车上升至设定高度时，触发缓冲机械手就位信号)→缓冲机械手扶持管柱→游车上行至设定高度，缓冲机械手扶持管柱至鼠洞位置(鼠洞位置信号)→游车下行并对扣(司钻确认是否对准)→动力猫道退回执行下一循环，缓冲机械手退回→铁钻工上扣→鼠洞打开，游车上提→游车上提至设定高度吊环浮动→游车上升至设定位置，钻台机械手到鼠洞位置扶住钻柱→游车上行，钻柱提离鼠洞，游车停止→钻台机械手自动推送管柱至立根盒设定位置→游车缓慢下行，立柱生根，游车停止，钻台机械手收回→二层台机械手从井口抓取钻杆→吊卡打开→二层台机械手自动排管→游车下行、吊卡翻转待命。

6.3 DREAM系列集成司钻控制系统

6.3.1 DREAM系列集成司钻控制系统技术方案

采用分布式控制系统(DCS)+远程I/O的控制策略搭建集成控制平台，对管柱自动化装备集成控制，同时与钻机原控制系统通讯，实现设备的联动、安全互锁。

6.3.2 系统组成及功能

DREAM型集成司钻控制系统(见图6-28所示)主要由正压防爆房体、2套一体化座椅、PLC柜、视频监控、集成控制软件等组成。

系统整体设计满足人体工程学要求，具备常规钻机控制系统参数显示及控制、钻井参数显示、游车防碰及相关互锁、游车起放速度与位置控制、井架起升控制及保护、大绳拉力预警及保护、顶驱防碰防刮等功能。具备钻机管柱自动化

图 6-28　DREAM 型集成司钻控制系统

配套设备(动力猫道、钻台机械手、动力卡瓦、铁钻工、液压吊卡、二层台排管装置、丝扣油喷涂装置、液压动力集成系统等)运行控制及运行数据显示等功能。

正压防爆房体主要由不锈钢房体、正压防爆系统、防爆空调、防爆电暖气、雨刮等组成。正压防爆系统的正压吹扫控制系统能够自动控制调整房体内部压力，低压自动报警，进风口设置合理，在进风风道处安装防爆有毒气体、防爆可燃气体传感器及微差压传感器，满足一类工作区域防爆要求。

司钻房可以根据用户需求和钻机结构形式不同布置在井架大腿内侧或者左偏房位置上。

图 6-29　一体化座椅

所有液气控制均用电气、电液控制，仪表(指重表、立管压力表、机油压力表，气压表除外)信号以电信号进入司钻房。

一体化座椅及主、副司钻座椅见图 6-29 至图 6-31 所示。主副司钻作业的位置视野开阔、便于观察；房体的设计、制造和安装成套符合国家、国际相关标准(ISO9001)和石油企业相关标准和 HSE 有关的要求和规定；满足 1 区工作要求。

图 6-30　主司钻座椅

图 6-31　副司钻座椅

绞车、转盘、泥浆泵、电控系统、管柱自动化配套设备等控制均采用控制手柄+按钮+触摸屏组合方式，集成在一体化座椅上，手柄、按钮、触摸屏布局合理、控制方式简洁、方便、直观；在触摸屏设计有图形化、流程化操作界面，设有必要的预警、保护、互锁。一体化座椅左右两侧均为操作台，座椅可前后移动、升降、旋转，确保司钻操作舒适方便、视野开阔。主、副司钻座椅控制面板见图 6-32、图 6-33 所示。

主司钻左手主要布置	
西门子触摸屏	组合式控制手柄
气喇叭按钮	刹车放气按钮
动力鼠洞开关	气动卡瓦开关
液压吊卡动作开关	液压吊卡翻转开关
电视监控操作键盘1(原四画面操作)	

主司钻右手主要布置	
西门子触摸屏	电刹把手柄
发电机急停按钮	SCR急停按钮
驻刹车按钮	再启动按钮
紧急刹车	喊话器
电视监控操作键盘3(钻台面电视监控)	

图 6-32　主司钻座椅控制面板

副司钻左手主要布置
西门子触摸屏
钻台机械手司控/遥控切换按钮
动力猫道司控/遥控切换旋钮
猫头2三档控制旋钮
猫头1三档控制旋钮
缓冲机械手/二层台机械手/防溅盒三档设备指配旋钮
电视监控操作键盘(二层台面视频监控)
DP通讯操作手柄

副司钻右手主要布置
西门子触摸屏
二层台急停按钮
铁钻工急停按钮
综合液压站急停按钮
动力猫道急停按钮
钻台机械手/铁钻工/动力猫道三档设备指配旋钮
二层台手指开合旋钮
泥浆防溅盒开合三档控制旋钮
DP通讯操作手柄
喊话器

图 6-33　副司钻座椅组合控制面板

PLC 柜与配电柜：室内统一设置电气控制柜，电气控制柜体为两个：其中一个柜体主要安装 2 路电控系统 PLC、1 路自动化设备控制系统 PLC 及继电器、I/O 模块以及电路板等；另一个柜体内部主要安装工业监视工控机、喊话器、室内电源控制盒等，两个柜体的接口出线设置在柜体的下方，在室内设置柜体检修门，出口设置铭牌方便连接和检修。柜体设置单层门结构，合理设置散热面，有效保证柜体的密封和散热。

视频监控系统：视频监控系统的显示屏选用 32″显示器，数量不少于 3 块，合理布置在一体化座椅正前方；选用南京新华夏、扬州大正或同等性能品牌的防爆高清摄像头。

配套钻台面监控 4 个(含操作面板)、井口对角固定安装 2 个、钻台面广角 1 个、动力猫道广角 1 个。

预留钻机通用的四画面监控硬盘录像机、显示器、操作面板等安装位置、二层台云台、泵房云台、滚筒、罐区；

集成二层台排管装置监控 4 个(含操作面板)，监控二层台(液压吊卡)云台、指梁、机械手夹爪。

控制软件(如图6-34所示)及相应控制功能：采用图形化界面，集成钻机电控系统参数显示及控制、钻井参数仪功能、游车防碰及相关互锁、游车起放速度控制位置控制、井架起升控制及保护、拉力预警及保护、顶驱防碰防刮等功能具备二层台机械手与绞车互锁控制、液压吊卡与绞车的互锁控制、二层台机械手与顶驱的互锁控制、二层台机械手与液压吊卡的互锁控制、液压吊卡与动力卡瓦互锁控制等防碰安全互锁功能。

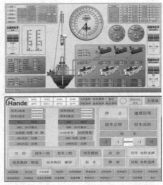

图6-34　控制软件界面

6.3.3　系统特点

司钻控制系统集成动力猫道、钻台机械手、动力卡瓦、铁钻工、液压吊卡、二层台排管装置等自动化钻机设备的数据显示、动作控制、参数设置及设备动作互锁等功能；将触屏式人机交互软件嵌入视屏监控系统，控制软件采用标准化通讯协议，关键触点设有双重保护；通过建立区域防碰撞、防干涉报警、流程联动、互锁机制，保障钻柱操作过程中各个设备可靠交接，防止误操作。设备互锁机制见图6-35所示。

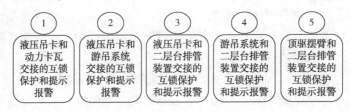

图6-35　设备互锁

6.3.4　现场应用情况

胜利钻井院DREAM型管柱自动化处理系统(如图6-36所示)，已完成8部钻机的整体配套，共推广自动化设备单元80多套，客户涉及中石化、中石油、中曼石油、三一石油、兰石装备等国内知名油服公司，其中7套动力猫道应用在沙特等海外市场。

图 6-36　DREAM 型管柱自动化处理系统整体配套

　　宝石自动化钻机已累计应用 70 多台，包括悬持式、推扶式、复合式、举升式等多种型式管柱自动化系统，其中推扶式系列自动化钻机最多；累计推广应用管柱自动化单元产品近 300 台套，其中动力猫道应用 60 套，铁钻工应用 40 套。石油四机厂共完成 3 套自动化钻机的工业化应用，推广动力猫道 17 套。三一集团对中石油 5 部钻机进行了管柱自动化设备配套，累计推广二层台自动排管超100 套，产品在行业内认可度较高。JJC 智能铁钻工采用快抓管钳原理的冲扣钳结构，自适应不同管具尺寸，采用机器视觉技术智能识别钻具接头，能够实现旋转、伸缩和升降运动同步完成，提高效率，已应用超 100 套。江苏诚创钻台机械手应用超过 200 套。四川宏华为 Viking 公司提供 2 套 1200hp 自动化钻机，累计整体配套自动化钻机 6 台。

　　2021 年"一键式"管柱自动化处理系统开始进入推广阶段。宏华研发的"一键联动"（RTSTM）自动化机具系统，在中石化西南工程、中石油西部钻探克拉玛依钻探公司应用，起下钻里程累积达到 150000m，在套管段平均速度达到 18.5 柱/小时，最高速度达到 20.3 柱/h。宏华的"一键联动"自动化系统既可用于新制钻机，也可用于老旧钻机升级改造。宝石发布了 7000m 一键式自动化钻机，但该钻机较传统钻机，结构做了较大改变，适合新购置钻机直接配套出厂，不适合在役钻机的改造。三一集团研发了一键式管柱自动化处理系统，集成了 12 个机具（二层台机械手、钻台面机械手、铁钻工、动力猫道、丝扣油涂抹、泥浆防溅盒等），为行业集成配套机具最完整的一部钻机，通过优化流程实现起下钻效率 18~21柱/h，同时具备智能监控系统，具有管柱视觉识别功能。

6.4　发展前景

6.4.1　钻机管柱自动化产品市场前景广阔

　　石油钻井技术不断朝着科学化、信息化、智能化的方向发展，国外钻机装备已规模化更新换代，国内正起步追赶，规划产业升级，新一轮钻机装备转型升级的浪潮为管柱自动化产品的推广提供了极为广阔的市场前景。

6.4.2　战略意义重大

伴随中国现代化进程稳步推进，中国能源缺口将在现有基础上进一步扩大，能源供求矛盾进一步突出。在全球变革过程中，国家要推动能源技术革命实现国家的能源安全，需加大油气勘探开发力度，提升技术水平。管柱自动化产品的推广应用，可显著提升钻机自动化水平，提高管柱作业效率，提升作业安全性，为保障国家能源安全提供强力支撑。

6.4.3　提升我国钻井队伍竞争力

"一键式"管柱自动化处理系统的成功研发，在钻机高端领域打破了国外技术壁垒，我国钻井队伍走出国门，进入国际市场，提高了自身的招投标实力和钻机装备竞争力。本项技术实现了管柱作业由人工向自动化的转变，通过一键式自动化技术的实施，有助于促进石油工程装备转型升级，引领石油钻机装备向自动化、智能化方向发展。

6.4.4　发展方向

未来管柱自动化有以下几个发展方向：

电动化攻关：应用伺服、变频、步进等精准控制技术，实现管柱自动化装备的全面电动化，提高系统效率，减少维护工作量。动力猫道、吊卡也逐步向电动化方向迈进，实现绿色节能。

信息化：搭建自动化机具系统远程监控中心，实现设备实时监测、故障报警、数据分析，多终端显示、远程运维等功能，提升自动化机具系统的信息化水平，为后续智能化做准备。

"一键"建立根、甩钻、下套管系统：通过对建立根、甩钻、下套管作业流程及各个环节所需设备共的分析，研发"一键"建立根、甩钻、下套管系统，在原"一键联动"系统基础上，进一步扩展其功能，彻底实现钻井作业各主要工况下的自动化。

机器视觉等 AI 技术的应用：针对目前作业流程中还无法完全实现全自动化的环节，利用机器视觉、深度学习等 AI 技术，提升各单体设备以及系统的自动化程度，为下一步实现全自动化、智能化打下基础。

智能化升级攻关：引入新型检测技术，并结合人工智能算法提高设备自学习、自适应能力，实现设备位置的实时跟踪，根据选定的目标位置自动规划运动轨迹，最终达到智能化操控。

参 考 文 献

[1] 赵亮亮，张志伟，鲁运来，等.钻台机械手的研制及应用[J].石油机械，2019，（6）：1-6.

[2] 陈明凯，唐清亮，胡送桥，等.适用于在役陆地钻机的自动化立根排放系统[J].石油矿场机械，2018，（6）：68-71.

[3] 杨双业，于兴军，张鹏飞，等.钻机司钻集成控制系统技术现状及发展建议[J].石油机械，2017，（9）：1-7.

[4] 马清明，姜浩，江正清，等.海洋钻井钻柱自动排放装置模型样机设计[J].机床与液压，2017，（23）：14-18.

[5] 高迅，徐军，彭太锋，等.SPR-6钻柱自动排放装置的研制[J].石油机械，2016，（6）：33-36.

[6] 尹晓丽.陆地石油钻机钻杆自动输送系统的设计与研究[J].中国石油大学胜利学院学报，2014，（1）：24-26.

[7] 田成辉，徐元春，贺剑，等.陆地钻机二层台机械手臂井架工伺服操作系统的研究与设计[J].中国机械，2013，（6）：250-257.

石油钻机附属设备及其在现场的应用 第7章

7.1 宿舍区远程供电装置

随着国家油气勘探力度的不断加大，偏远地区的探井部署相应增多，尤其是川东北新疆等地区地层压力高、硫化氢含量高、施工难度高，施工井深多在6000m以上，地质地貌条件复杂，是国内钻井难度最大、风险最高的地区。这种"三高""一深""两复杂"的特性就决定了必须切实提高钻井施工的本质安全化，以满足当地钻井生产的需要。如在川东北地区施工，根据《中国石油化工集团公司企业标准汇编》川东北地区作业规范部分的基本精神，为了尽最大程度保证施工人员的安全，要求钻井平台宿舍生活区距离井口的安全距离至少在500m以上。但由于川东北地区地貌状况复杂，在井场500m以外的附近区域可能很难找到适宜的宿舍区位置，为了满足施工要求，宿舍生活区的安全距离可能要到800~1000m以上，这就给宿舍区的供电带来了较大的难题。如果采用井队发电机组集中供电，需要铺设较长的动力电缆，常常会造成宿舍区电压过低，负载电流过大，电缆温度过高。由于宿舍区的用电设备过多，总功率大于100kW，线损变得更加严重，在夏天空调频繁启动，进而造成电网电压质量进一步下降，下班职工不能得到很好的休息，给安全生产带来极大的隐患。为了解决上述的问题，对目前应用的三套供电方案进行了论述，并对其供电方式和成本消耗等开展相关论证和数据分析。

7.1.1 方案基本论述

7.1.1.1 使用专门的自备发电机供电方案

这是目前大部分井队宿舍区采用的供电方式，需单独配置300kW的柴油发电机独立供电。但发电机组及其维护保养费用、燃油费及燃油供应产生的运输费用等成本消耗过高，还存在电能利用率低、生活区环境污染及噪声等问题。

详细论述：目前大部分钻井队宿舍区供电所配备的为300kW型VOLVO柴油发电机组，该机组燃油消耗率为206g/kW·h，由于钻井平台施工情况的特殊性，该发电机除去进行正常的维护保养时间之外，基本上全天24小时都在运转。可以做一下简单计算：

该机组平均每天的燃油消耗量：24（h）×206g/kW·h×95kW（宿舍区用电平均功率）= 469. 68kg

上述的燃油价格按照每 kg3. 5 元计算，该机组每天燃油消耗费用（由于运输和浮动价格的影响，实际价格远远高于上述价格）：3. 5×469. 68 = 1643. 88 元。即每月的燃油总费用：1643. 88×30 = 49316. 4 元

按照发电机运转手册要求，该柴油发电机组需要每 250 小时更换一次柴油滤芯（2 个）、机油滤芯（2 个）、空气滤芯（2 个）等配件，以每月保养两次，更换两次滤芯配件计算，每月消耗费用：

空气滤芯：640 元×2 个×2 次 = 2560 元

柴油滤芯：98 元×2 个×2 次 = 392 元

机油滤芯：238 元×2 个×2 次 = 952 元

即每月保养费用总合计：2560+392+952 = 3904 元

上述两项每月费用之和：49316. 4+3904 = 53220. 4 元

考虑到该柴油发电机组每天 24 小时运转，每年的运转时间达到 7200 小时。对于柴油机来说，连续不停地运转会大大降低柴油机的使用寿命，正常 VOLVO 型柴油机的大修周期为 15000 小时。按上述工况运转，估计该柴油机正常运转时间不会超过 10000 小时。一台 VOLVO 柴油发电机组的价格大约为 40 万元。因此，这种方案的综合费用成本是非常高的。

7. 1. 1. 2　采用 400V 三相四线制低压电缆集中供电方案

假设铺设 700m 的橡胶护套电缆，使其截面积达到 35mm²，输入端 220V 的相电压在生活区用电末端的电压降至 160V 左右。可通过公式计算验证如下：

$$R = p \frac{l}{s} \tag{7-1}$$

由《中华人民共和国国家标准 GB/T 3952—2016 电工用铜线坯》可以查出导线电阻率为 0. 01750Ω·mm²/m（温度为 20℃）。

通过以上公式可以计算出输电线路总阻值：

$$R = (0. 0175Ω · mm²/m×700m)/35mm² = 0. 35Ω$$

根据线路电流和上述电阻值可以计算出电压降。由于上述的计算方法在实际现场计算中存在一定的难度，可利用供电线路电压损失经验计算公式（不考虑功率因数以及电缆感抗）：

$$\Delta U\% = \frac{M}{1. 7×50A} \tag{7-2}$$

式中　$\Delta U\%$——线路电压损失的百分数；

　　　M——线路的负荷矩；

　　　A——导线截面积。

如果采用 35mm² 的铜质普通电缆，380V 电压，用户端的电压降为：

$$\Delta U\% = \frac{M}{1.7 \times 50A} = (100 \times 700) / (1.7 \times 50 \times 35) = 23\%,$$

这样可以求得实际电压降为：380×23% = 87.4V。

由此算出用户端电压值为：380−87.4 = 292.6V。

而实际可用相电压值约为：292.6/√3 = 168V。

但在实际应用过程中，由于电缆感抗的原因，实测电压下降最大值可能会达到 150V，在这样的低电压情况下，空调已经无法正常运转，即使是普通照明灯也不能正常使用。

如果将电缆加粗到 100mm²，通过计算可以得出压降百分比为 8.2%，用户端相电压值为 201V，而实测电压值约为 190V。在这样的低电压情况下，空调可以勉强工作，若遇到炎热天气，会导致空调频繁启动，此时电压下降会更加严重，由于线路损失的影响，同样会造成供电电网功能丧失。

从成本上来考虑，100mm² 电缆的市场价格为 240 元/m，700m 电缆的价格为 16.8 万元。而且该种普通橡套电缆的使用寿命为 1~2 年，考虑到宿舍区供电电缆的恶劣工况环境，估计该种电缆使用 2 年后必须更换的。

通过上面的分析计算可以看出，仅仅通过加粗电缆这种方式为宿舍区供电是无法满足现场经济需求的。

7.1.1.3 变压远程供电装置方案

这也是目前世界上通用的输送电方式，在钻井平台供电端增设一台升压变压器，在生活区用电端增设一台降压变压器，两变压器之间，采用 3×20mm² 的潜油电泵专用电缆，综合考虑安全因素和供电电缆性价比，可选用 3kV 电压等级输电，其基本原理如图 7-1 所示。

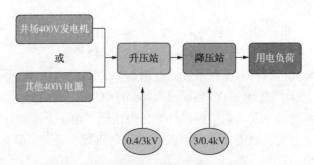

图 7-1 变压远程供电方案基本原理

虽然一次性投入较大，单价约为 35 万元(具体费用如表 7-1 所示)，但使用寿命年限大于 5 年，基本无其他维护保养费用，其综合平均年费用消耗小于 7 万元。对比方案一可以看出，每年的成本节约 53 万余元，可以大大降低生产成本；同时，可以充分利用钻井平台发电机组产生的多余电能，更高效节能，不会产生环境污染和噪声污染，效果是非常显著的。与第二种方案相比，可以有效减少供电电缆的截面积，降低铺设电缆通过农田和河流等的工作强度；由于电缆截面积的减小，可大大降低成本投入及施工的工作强度。具体配置成本如下表所示：

表 7-1　变压远程供电方案配置表

工程项目	××××石油工程管理中心 3kV 生活区远程供电工程		产品名称	防爆矿用箱式变压器			
				XXB-Z-125			
序号	名称	型号及规格	单位	数量	单价/元	价格/元	备注
1	干式变压器	SG-125，3/0.4kV，Y，yn-12	台	1	63250	63250.0	
2	干式变压器	SG-125，3±4×2.5%/0.38kV，Y，yn-12	台	1	67080	67080.0	
3	波纹散热器	1200×200/45，18P，板厚 1.5	个	1	7200	7200.0	
4	高风压离心风机	150FLJ15，380V/250，10m³/min，450Pa	台	2	1820	3640.0	
5	智能温控器	ST-802S-72	只	2	1980	3960.0	
6	高压真空断路器	DYZ8-12/T630-20，电动	台	1	29800	29800.0	
7	高压电流互感器	LR-10，50/5，10P10	只	2	2320	4640.0	
8	低压空气断路器	DZ20J-400P/3340，AC220	台	1	2500	2500.0	
9	低压空气断路器	DZ20J-225P/3340，AC220	台	3	1480	4440.0	
10	避雷器	3kV	只	6	1320	7920.0	
11	高压电缆插头	ZT-15/200（肘头、单通、座）	套	3	4800	14400.0	
12	军用连接器	Y50DX-D404	套	1	2220	2220.0	
13	军用连接器	Y50DX-3204	套	1	860	860.0	
14	军用连接器	Y50DX-2404	套	2	680	1360.0	
15	低压电流互感器	BH-0.66，250/5	只	7	690	4830.0	
16	低压电流互感器	BH-0.66，100/5	只	3	610	1830.0	
17	低压导电杆	400A	只	4	990	3960.0	
18	避雷器	Y5W-0.28/1.3	组	6	490	2940.0	
19	电流表	6L2-A，250/5	只	6	80	480.0	
20	电压表	6L2-V，450V	只	6	80	480.0	
21	小套管	6mm	只	35	85	2975.0	
22	铜排	TMY-4（40×4）	kg	65	180	11700.0	
23	单芯橡套电缆	70mm²	m	30	150	4500.0	
24	导线	BVR-10	m	120	30	3600.0	
25	导线	BVR-6	m	60	22	1320.0	
26	导线	BVR-4	m	85	8	680.0	
27	导线	BVR-2.5	m	200	6	1200.0	

工程项目	××××石油工程管理中心3kV生活区远程供电工程			产品名称	防爆矿用箱式变压器		
					XXB-Z-125		
序号	名称	型号及规格	单位	数量	单价/元	价格/元	备注
28	导线	BVR-1.5	m	300	4	1200.0	
29	镀锌钢丝方孔网	2目，Φ1.6钢丝，幅宽600	m	2	60	120.0	
30	锌合金门铰链	JL-238 I	个	16	86	1376.0	
31	乙丙橡胶密封胶条	XA2-020	m	12	120	1440.0	
32	丁腈橡胶密封条		m	14	90	1260.0	
33	高温有机硅脂		kg	0.5	600	300.0	
34	有机硅酮密封胶		只	6	180	1080.0	
35	信号灯	AD11-25/40，红	只	11	32	352.0	
36	信号灯	AD11-25/40，绿	只	1	32	32.0	
37	防爆按钮	LA5821-2	只	5	85	425.0	
38	熔断器式开关	HR5-100/31/R100	只	1	1500	1500.0	
39	微断	DZ47-32D/32	只	1	280	280.0	
40	微断	DZ47-16D/16	只	2	210	420.0	
41	微断	DZ47-10D/10	只	2	180	360.0	
42	微断	DZ47-10D/3	只	2	120	240.0	
43	继电器	JZ7-44，AC220V	只	2	70	140.0	
44	接触器	CDC9-4311 380V	个	5	820	4100.0	
45	电容器	BSMJ0.4-20-3	只	1	860	860.0	
46	电容器	BSMJ0.4-10-3	只	2	550	1100.0	
47	电容器	BSMJ0.4-6-3	只	2	468	936.0	
48	电容补偿控制器	JKWR-5C	只	1	2690	2690.0	
49	酸洗板	SPHC-4.0*1500*3000	张	10	980	9800.0	
50	槽钢	10#，4m/根	根	8	260	2080.0	
51	酸洗板	SPHC-5.0×1000×2000	张	8	510	4080.0	
52	酸洗卷SPHC	SPHC-3.0×1250×6000	张	10	1230	12300.0	
53	控制变压器	500W，3000/220V	个	2	2300	4600.0	
54	真空接触器	CKJ5-125/3P，AC220，4NC/4NO	个	6	2860	17160.0	
55	转换开关	LW5-16，接点逻辑见附图	个	1	424	424.0	
56	低压微机保护	RSA-801(液晶)	个	1	12500	12500.0	
57	电接点微压表	YX-100Z，0~0.1MPa	个	1	85	85.0	
58	观察窗		个	4	380	1520.0	
59	二次端子		批	1	980	980.0	

工程项目	××××石油工程管理中心 3kV 生活区远程供电工程		产品名称	防爆矿用箱式变压器				
				XXB-Z-125				
序号	名称	型号及规格	单位	数量	单价/元	价格/元	备注	
60	环氧底漆		kg	40	80	3200.0		
61	丙烯酸聚氨酯漆		kg	40	98	3920.0		
62	环氧稀释剂		kg	30	88	2640.0		
63	丙烯酸聚氨酯稀料		kg	30	165	4950.0		
64	高纯氮气	1.0	瓶	1	1500	1500.0		
65	辅助材料		批	1	3500	3500.0		
	材料成本					359215.0		

7.1.2 远程供电装置介绍

7.1.2.1 装置主要组成结构

钻井平台宿舍区远程供电装置主要由以下几部分构成：

（1）专用耐腐蚀，耐高温、耐机械损坏的潜油泵电缆；

（2）升压、降压变压器；

（3）真空断路器；

（4）漏电保护电路；

（5）防雷接地电路；

（6）检测显示仪表；

（7）柜体冷却系统。

7.1.2.2 基本性能参数

输送距离：≤5000m；

变压器容量：125kV·A；

变压器绝缘等级：H 级；

防护等级：IP33D；

变比：3±4×2.5%/0.4kV；

重量：1.25T×2 台；

外形尺寸：2.2m(长)×1.6m(宽)×1.8m(高)。

7.1.2.3 主要器件介绍

（1）专用潜油泵电缆：该电缆采用三层绝缘和防护措施，可适应-20~100℃工作环境，耐压等级可达 6kV。其内部导体为实心无氧镀锡铜材质拉丝制作而成，导体外涂覆一层特殊黏接剂，通过连续硫化之后可使导线与绝缘层紧密地粘接。电缆外部第一层绝缘采用改性聚丙烯材料，具有优良的机械和电绝缘性能，以及良好的耐化学腐蚀和耐热性能。第二层绝缘护套采用丁腈橡皮，具有优异的耐油性、耐寒性、耐热性、耐老化性、耐透气性、耐化学腐蚀性和耐水性能等。第三层外保护铠装采用镀锌钢带或不锈钢钢带连锁铠装重叠绕包，可满足井下高温、高压、高腐蚀等特殊环境。大多数油井环境都采用镀锌钢带铠装，而不锈钢钢带适用于具有高腐蚀性的油井中。对于普通宿舍区供电环境，该种电缆完全可以胜任。

（2）升压、降压变压器：该装置升压端采用400V/3kV 125kV·A 干式户外 F 级 3 相升压变压器，能够将钻井平台发电机组的 400V 电压升至 3kV，宿舍区用电端端采用同型号降压变压器，将 3kV 电压降为 400V 直接使用。此型号变压器采用 3000V/2950V/2900V 三档输入，400V 一档输出，可充分满足钻井平台搬迁后供电电压调整的需要。

（3）真空断路器：它主要由真空灭弧室、电磁或弹簧操纵机构、支架及其他部件组成，其内部灭弧介质和灭弧后触头间隙的绝缘介质都是高真空，具有体积小、重量轻、可频繁操作、灭弧不用检修的优点，在配电网中应用较为普及。真空断路器与漏电保护电路、检测显示仪表相结合，可实现对电路系统的监测、合闸、保护、跳闸、报警等功能，保护人身和财产安全。

（4）防雷接地系统：在线路首末两端变压器柜外壳上安装氧化锌避雷针，配电箱内部总配电盘上安装并联式专用避雷器，选用进口浪涌保护器。防雷接地系统和 TN-S 保护接地系统独立分开，分别通过接地极汇入大地中，接地阻值不大于 4Ω，可以有效避免雷电发生时引起的失火、爆炸、过电压及人身伤害等事故的发生。

（5）柜体冷却系统：配电柜内部安装有离心散热风机和温控开关，温度显示及风机控制由 ST-802S-72 型智能温度控制器执行，分别监视变压器铁芯温度及气体温度，及时启动风机排除干式变压器所产生的热量，保证柜体内部温度不超过设定温度。风机排风口设计为向下排风形式，防止雨水进入柜体造成设备损坏。

7.1.2.4 外观构造

（1）升压变压器：箱体分为两个独立的带有观察窗的间隔室：一个是变压器室，用 4mm 热轧钢板制作，内充(10±5)kPa 纯氮气，用于阻燃隔爆、提高散热性能；另一个是开关室，用 3mm 热轧钢板制作，内部安装真空断路器，无电弧及火化产生，额定电流 630A，安全系数大于 10。变压器室带有密封的上盖，供安装及检修变压器使用；开关室正面是密封的门式盖板，打开后供检修维护开关元件使用，上端装有操作防爆按钮、防爆信号灯等元件。柜体电气接头采用 ZT-15/200 高压电缆插头，额定电流 200A，安全系数大于 3；0.4kV 侧电气接头采用 KZT-10/250 高压电缆插头，额定电流 250A，安全系数大于 1.3。这两种接头均有非常好的防爆、防水、防尘和绝缘性能，能够达到本安级标准，如下图 7-2 所示。

图7-2 升压变压器外观及开关室

（2）降压变压器：箱体分为两个独立的带有观察窗的间隔室，一个是变压器室，用4mm热轧钢板制作，采用密封箱体，隔离潮气、灰尘、小动物；另一个是开关室，用3mm热轧钢板制作，内部装有波纹散热器，可以有效缓冲气体的碰撞和收缩，提高内部抗爆能力。变压器室带有密封的上盖，供安装及检修变压器使用；开关室正面是门，打开后供检修维护开关元件使用，外侧设有仪表面板，其上装有操作防爆按钮、防爆信号灯、仪表等。开关室底部设有低压无功补偿装置，提高负载功率因数。柜体电气接头采用ZT-15/200高压电缆插头，额定电流200A，安全系数大于3；0.4kV侧电气接头采用KZT-10/250高压电缆头，额定电流250A，安全系数大于1.3。这两种接头均有非常好的防爆、防水、防尘和绝缘性能，能够达到本安级标准，如图7-3所示。

图7-3 降压变压器外观及开关室

7.1.3 系统技术要求

负荷输送采用125kV·A干式变压器升压至3kV，通过截面为$3 \times 20mm^2$的QYPDF10-1.8/3潜油泵电缆输送至生活区，再通过干式变压器升压至400V，终端负荷：$P_{max}=100$kW，$\cos\Phi=0.95$；线路首端采用 DZW8-12/T630-20 高压真空断路器，设电流速断及过电流保护；线路首端和末端均装设氧化锌避雷器，防止过电压及雷击；末端 400V 侧设 50kVAr 自动功率因数补偿器件，减少线路损耗，减小线路电压损失，补偿后线路功率因数应达到 0.95；升压站及降压站均设有 3mm 厚的钢板外壳，具有良好的防护性能，防护等级 IP33D；升压站及降压站内部分设有变压器室、操作室，满足 GB17467《高压/低压预装式变电站》要求，能够保证人身及设备安全；变压器散热以自然通风为主，自动控制机力通风装置作为辅助散热措施；电气流程图见图 7-4 所示。

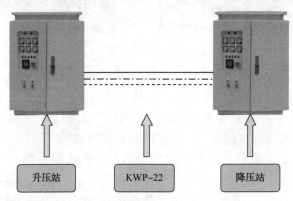

图 7-4　变压远程供电装置电气流程图

7.1.4　远程供电装置优势

7.1.4.1　经济性好

使用该产品替代生活区专用发电机，每天可节省大量的柴油消耗费用，折合每日节省数千元人民币；可减少生活区专用发电机值守人员的工时成本；可节省生活区专用发电机的维护保养成本；通过升降压输电方式及无功补偿手段，可有效减少输电线路电能损耗，从而提高负载端用电效率；能够合理利用井场发电机产生的剩余电能，有效减少了资源浪费。

7.1.4.2　安全性高

升压站采用氮气正压防爆设计，提高在井场运行时的安全系数；高压输送采用铠装电缆，架空传输，延长在野外恶劣环境中的使用寿命，保障人员的安全；高压连接端加装氧气锌避雷器，整体采用高低压隔离设计；采用自动温控散热系统，保障系统本身稳定运行；采用高压真空断路器及低压过载保护装置，保障系统、用电设备安全运行。

7.1.4.3　环保性强

该装置替代了生活区专用发电机，减少了废气污染和碳排放；采用该装置，彻底消除了生活区的噪声污染，保障了员工的休息环境；通过与网电系统的搭配使用，将电网电能直接输送到井场及生活区使用，不仅减少了能源消耗，还有环保功效。

7.2 钻井液自动加重装置设计与应用

重晶石是以硫酸钡($BaSO_4$)为主要成分的非金属矿产品,纯重晶石显白色、有光泽,由于杂质及混入物的影响也常呈灰色、浅红色、浅黄色等,结晶情况相当好的重晶石还可呈透明晶体出现。重晶石粉是一种很重要的非金属矿物原料,具有广泛的工业用途,可用作石油钻井泥浆加重剂。在一些油井、气井钻探时,一般使用的钻井泥浆、黏土比重为2.5左右,水的比重为1,因此泥浆比重较低,有时泥浆比重不能有效平衡地下油气层压力,容易造成井下复杂事故。在井底压力较高的情况下,就需要增加泥浆比重来平衡底层压力。向泥浆钻井液中加入重晶石粉是增加泥浆比重的有效措施,钻井用重晶石粉一般要求细度达到325目以上,若重晶石细度不够则易发生沉淀,比重大于4.2的$BaSO_4$含量不低于95%,可溶性盐类小于1%。

目前,在进行油气钻井作业时,经常会遭遇异常高压气层、高压盐水层和高温高压地层,如川东北地区飞仙关组实际压力系数达2.20,塔里木油田大北3井的钻井液密度高达$2.37g/cm^3$,开钻前就要储备大量的重晶石粉。钻进过程中,突遇地层压力异常变化时应及时调整钻井液的比重,尤其是在发生井涌或井喷事故时,需要混入大量的重晶石粉等泥浆药品材料进行压井作业,平衡地层压力,保障井下安全。为了达到提高混配速度,增强混浆效率,提升混浆密度的均匀性,减轻操作人员劳动强度,降低作业风险等目的,需要设计研发一种快速自动配浆加重装置,实现自动控制混配,加重钻井液的密度及混合罐液位,以满足现场施工需要。

7.2.1 混浆设备工作原理

7.2.1.1 设备概况

空气动力装置提供压缩空气,经过滤和减压后,为井队重晶石粉灰罐供气,灰罐内的重晶石在压缩空气的推动下,经连接管道进入快速混浆装置。此混浆装置包含有混浆器、砂泵组、缓冲罐等,砂泵将井队原有泥浆罐内的钻井液吸入混浆器,让重晶石粉与钻井液均匀混合,混合后的钻井液进入缓冲罐,然后由另外一台砂泵将混浆钻井液输入到井队泥浆罐内,这样钻井液经过不断的往复循环,最终达到所需的泥浆密度。压缩空气通过快速混浆器分离出来,经过管道进入除尘器进行除尘处理,处理后的干净空气达到环保排放标准,再向大气中排放。自动控制系统用于控制泵组、传感器、相关控制设备及部件。

自动混浆控制系统是由安装在循环管路的密度计来实时采样反馈,以控制进灰加重时间来调节混浆密度达到或趋于需要的设定值。由于该混浆控制系统中,密度的确定与基浆和加重剂的进入速度、流量大小、搅拌速度、压缩空气的压力等系列不可控因素有密切关系，直接运算与推导具有很多的不可确定性，故以经典的 PID 控制为主要运算反馈控制方式，这样做的好处是只需要关注混浆系统的输入与输出，并根据输出稳态误差与超调趋势去反馈调节输入量，无须关注混浆本身的诸多不可控因素。

7.2.1.2 技术参数

处理量：270m³/h；

钻井液加重密度：2.80g/cm³；

混配速度：2.2t/min；

配浆精度：0.001g/cm³；

除尘能力：3780m³/h；

气体排放浓度：30mg/m³；

系统功率：190kW；

工作温度：-20~55℃；

砂泵功率：75kW×2(1 台备用)+45kW；

搅拌器功率：7.5kW；

质量：8950kg；

外形尺寸：6800mm×2420mm×3000mm。

7.2.1.3 结构示意图

快速自动配浆加重系统见图 7-5 所示。

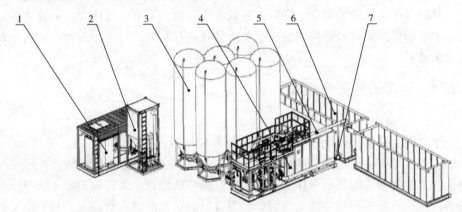

图 7-5　快速自动配浆加重系统示意图

1—空气动力装置；2—除尘装置；3—井场灰罐；

4—混浆装置；5—排液管汇；6—井场加重罐；7—进液管汇

7.2.2　各装置功能和作用

7.2.2.1　混浆装置

将钻井液与重晶石快速均匀混合，主要由快速混浆器、砂泵组、缓冲罐、搅拌器、底座以及相关管汇组成。它利用混浆装置砂泵组的动力，通过进液管汇和排液管汇，使钻井液在井场的泥浆罐与混浆装置的缓冲罐间建立循环，使重晶石快速进入混浆器的加料口与循环钻井液混合，达到加重目的，最终钻井液经多次循环加重后达到所需的加重密度。装置结构如图7-6所示。

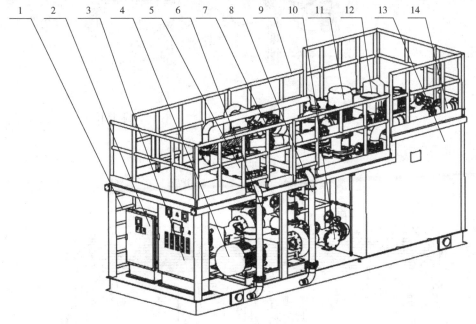

图7-6　混浆装置示意图

1—钢直梯；2—防爆控制柜(辅柜)；3—防爆控制柜(主柜)；4—卧式砂泵组；
5—气水分离器；6—排气管；7—快速混浆器；8—进灰管；
9—栏杆；10—进液口；11—立式砂泵；12—搅拌器；13—缓冲罐；14—排液口

混浆装置安装有2台卧式砂泵、1台立式砂泵。工作时启用2台，另外一台作为备用泵，通过阀门的控制，可使备用泵替代发生故障的砂泵，保证正常作业。

7.2.2.2　混浆器

它是快速自动配浆加重系统的核心部件，主要由射流混浆器、预混浆器、旋流气液分离单元、进排液口、进灰口、排气口、压力表等组成。混浆器的进灰口与排气口通过管道分别连接至混浆装置的下部，通过软管分别与灰罐过滤器和除尘装置相连接。其结构如图7-7所示。

7.2.2.3　空气动力装置

为混浆装置提供空气动力，主要包括螺杆空压机、过滤器、储气罐、单向阀、减压阀、排气管汇以及空压机房等设备。室外空气经螺杆空压机压缩后，经过滤和减压，到达井场灰罐，对重晶石进行流化，并输送流化后的重晶石粉进入快速混浆装置。空气动力装置的排气管汇在装置的正面、后面及侧面均设计有供气接头，可从不同的方向和位置向灰罐提供压缩空气。其结构如图7-8所示。

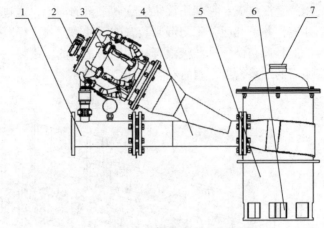

图 7-7　混浆器示意图

1—进液口；2—进灰口；3—预混浆器；

4—主混浆器；5—旋流气液分离单元；6—排液口；7—排气口

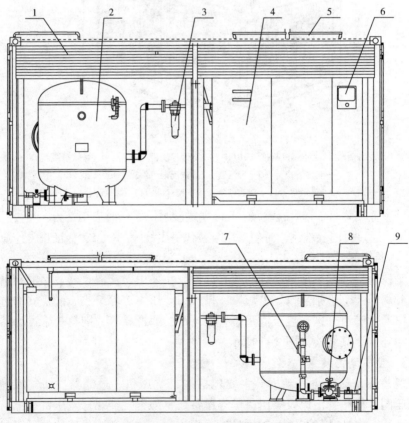

图 7-8　空气动力装置示意图

1—空压机房；2—储气罐；3—过滤器；4—螺杆空压机；

5—通风口；6—空压机操作面板；7—单向阀；8—减压阀；9—排气管汇

7.2.2.4 除尘装置

由上箱体、下箱体、滤芯、灰斗、排灰阀及防爆脉冲清灰系统组成，见图7-9所示。上箱体为净气室，设有出风口；下箱体为尘气室，由进风口、检查门、灰斗和排灰阀组成，下箱体内安装滤芯。脉冲清灰系统包括压缩空气过滤减压两联件、气包、电磁脉冲阀、喷吹管和脉冲喷吹控制仪。

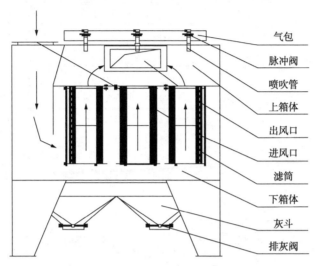

气包

脉冲阀

喷吹管

上箱体

出风口

进风口

滤筒

下箱体

灰斗

排灰阀

图7-9　除尘装置示意图

除尘装置的工作原理：含尘混合气体由风管导入除尘装置后，由于气流断面突然扩大，气流速度减小，其中颗粒粗大的尘粒，在重力和惯性力的作用下沉降于集尘灰斗内；那些粒度细、密度小的尘粒进入过滤室后，通过布朗扩散、筛滤、碰撞、钩挂、静电等综合效应，使粉尘沉积在滤料表面，而被净化后的气体进入气室，由排风管经风机排出。脉冲除尘装置的阻力随滤料表面粉尘厚度的增加而增大，在阻力达到某一规定值时，脉冲控制仪便控制脉冲阀的启闭进行清灰。当脉冲阀开启时，气包内的压缩空气通过脉冲阀经喷吹管上的小孔，喷射出一股高压的引射气流，进而形成体积扩大1~2倍的诱导气流，共同进入滤芯内，在滤筒内出现瞬间正压，并产生鼓胀和微振，使沉积在滤芯上的粉尘脱落掉入灰斗内，最后经排灰阀定期排出。特别注意：脉冲阀按设定好的脉冲时间和间隙对滤芯依次轮流清灰，清灰过程中不影响除尘装置的正常使用。

刚性滤料成折叠式均匀分布，体积小，过滤面积大；滤料外层又覆盖一层亚微米级的超薄超细纤维层，大大提高了过滤效率，减少了过滤阻力，节能效果显著；尘气入口设置挡尘板，有缓冲和耐磨作用，延长滤芯的使用寿命；在风机的出口增加消音装置，采用降噪处理技术，使除尘装置工作时的噪声得到有效控制。

除尘器主要技术参数如表7-2所示。

表 7-2　除尘器主要技术参数

过滤面积	$73m^2$	脉冲间隔	$1 \sim 30s$
气体处理量	$3780m^3/h$	出口粉尘浓度	$<50mg/m^3$
过滤风速	$0.8m/min$	过滤效率/%	>99.6
滤芯尺寸	$325mm \times 660mm$	清灰需空压机排气量	$>0.3m^3/min$
滤芯数量	8 套	压缩空气压力	$0.4 \sim 0.6MPa$
滤筒材质	聚酯纤维滤料, PTFE 覆膜处理	设备阻力	$1070 \sim 1340Pa$
过滤精度	$0.3pm$	电机功率	$7.5kW$
工作温度	$<130℃$	外形尺寸	$2200mm \times 2100mm \times 3900mm$
脉冲宽度	$0.03 \sim 0.2s$	主风机功率	$7.5kW$

7.2.2.5　电气控制柜

快速配浆电气控制柜包含两个控制柜, 分为 1#控制柜和 2#控制柜。大部分控制操作都在 1#控制柜上进行, 2#控制柜主要用于手动控制备用电机的启动和停止如图 7-10 所示。

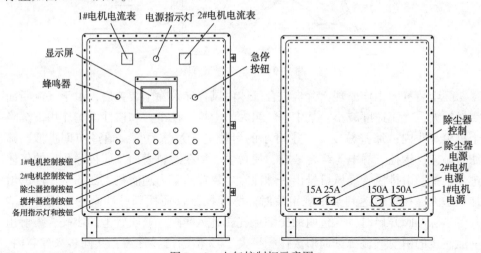

图 7-10　电气控制柜示意图

1#控制柜主电源(额定电压 380V, 额定电流 150A)从控制柜的后侧底部通过防爆航空插座接入控制柜内部。除尘器电源通过 1#控制柜后面的 25A 插座提供, 其远程控制信号通过 15A 插座提供。2#控制柜主电源(额定电压 380V, 额定电流 150A)从控制柜的后面通过防爆航空插座接入控制柜, 备用电机控制按钮包括启动按钮(绿色)和停止按钮(红色), 中间为电源指示灯。

7.2.2.6　快速配浆自动控制系统

自动配浆加重系统的自动控制部分主要由检测传感器、PLC 控制单元、工控机显示屏、阀门开度执行器、操作按钮等部件组成。PLC 控制单元负责收集、处理、运算各种输入指令和系统设置, 实时检测各种传感器的数据参数, 并将输出指令准确发送到控制执行器。工控机显示屏可以实时监测、显示和设置整个系统的运行参数，并输出报警信息，具体功能和按键信息如图 7-11：帮助界面（F1）、数据显示界面（F2）、配浆罐液面自动控制界面（F3）、配浆罐液面手动控制界面（F4）、系统参数设置界面（F5）、蜂鸣器报警界面（F6）、系统报警信息（F7）、系统信息（F8）。系统界面层次关系简单，最多不超过三层。可通过屏幕下方 8 个按键（F1~F8）来实现各个界面之间的相互切换，如图 7-11 所示。

图 7-11　工控机显示屏

7.2.3　设备操作步骤

7.2.3.1　设备启动前检查

正确连接各处供气、供水、送灰管线及电气电缆；确认混浆装置的砂泵、搅拌器、除尘装置风机和空气动力装置空压机电机的相序和旋转方向正确，砂泵在空载试运转时，时间不允许超过 15s；确保砂泵吸入阀处于全开位置，吸入管内充满流体介质，进、排出阀处于开位；关闭除尘装置排灰底阀。

7.2.3.2　设备运行操作注意事项

① 接到加重或配浆指令后，组织人员进行配浆操作准备；

② 检查电路、灰路、气路、水管等各线路是否连接完好；检查灰罐的重晶石粉或膨润土储备情况，若符合开机条件，则进行下一步操作；

③ 启动空气动力装置的空气压缩机，待储气罐压力表显示压力达到 0.5MPa时，观察减压阀压力表，确认减压后输出气体压力为 0.18~0.20MPa；若输出压力不符合要求，调节减压阀上的调节螺母，使输出压力保持在 0.18~0.20MPa 范围内，并将调节螺母锁死；

④ 打开供气阀门向下灰罐供气，压缩空气对灰罐内重晶石进行流化，流化时间约 10~15min，待灰罐压力表显示压力为 0.18~0.20MPa 时，进行下一步操作；

⑤ 打开除尘装置进气口阀门，关闭清灰口阀门，启动除尘装置；注意：加重作业时，启动除尘装置后应打开除尘装置的清灰进气阀门，并确认脉冲清灰旋钮处于"1"位，否则除尘装置无法进行滤网的自清洁，脉冲清灰正常工作的状态是：在所设定的间隔时间内（一般为 30~60s）有脉冲清灰阀的排气声；

⑥ 启动混浆装置时，先启动搅拌机，根据现场泵组的完好情况，使用不同的泵组组合进行作业，不同的泵组组合时系统的流程各不相同，操作人员必须严格按照流程示意图确认阀门开关状态；

⑦ 先按下防爆控制柜进液泵电机的启动按钮，等待 40~60s 后观察 PLC 屏幕，确认钻井液液位达到 80~90cm 后，再按下排出泵电机启动按钮，循环钻井液；

⑧ 观察缓冲罐液位平衡情况，系统启动后，控制系统液位自动平衡装置将通过 PID 反馈自动控制排液量，使液面保持在设定值并稳定后，进行下一步操作；

⑨ 打开供灰阀为钻井液加重，混浆系统往复循环钻井液进行连续加重，直至达到所需要的钻井液密度。

7.2.3.3 设备停止操作步骤

1. 关闭重晶石粉灰罐的下灰阀，打开灰罐清灰阀门，用压缩空气进行管路清灰吹扫，吹扫 10min；再关闭空压机供气阀门。

2. 打开灰罐排气阀及除尘装置进气口阀门，放空罐内空气并排往除尘装置除尘，除尘完毕后关闭除尘装置所有阀门。

3. 排空缓冲罐内钻井液至井场泥浆罐：先将自动控制系统 PLC 显示屏上的平衡模式由自动改为手动模式（否则无法排空缓冲罐内液体），再关闭进液泵，排液泵将缓冲罐内的钻井液输送至井场泥浆罐，待管路内液体排空完成后，关闭排液泵。

4. 关闭混浆装置、搅拌机、空压机等所有电气设备控制总电源，排空储气罐内气体及积液。

5. 若设备需要较长时间停止使用或者搬家时，应打开混浆装置缓冲罐清砂口，排空罐内液体，打开砂泵外壳的放水旋塞，放空泵内液体，保证设备内部清洁。

6. 当冬季环境温度低于 0℃时，每次加重作业完成后，应及时关闭砂泵的进出口阀门并排空泵内介质，避免冻裂泵壳及管线；或者采取防冻保温措施，确保混浆装置的泵组、管汇和进排液管汇温度大于 5℃，避免设备损坏。

7. 利用清水清洗科氏质量流量计：每次加重完毕后关闭流量计进浆阀门，打开清水阀门，利用清水清洗科氏质量流量计，清洗不少于 5min，待流量计上的密度显示为 $1.0g/cm^3$ 后，再关闭清水阀门，打开进浆阀，使清水流回缓冲罐内，完成清洗流程。

7.2.4　设备优势

1. 加重速度快

设计复合式混浆器，混浆密度均匀，提高了重晶石粉的加重速度。

2. 环保处理水平高

加重过程全封闭，且设计有脉冲滤筒除尘器，除尘后的气体达到国家规定排放标准，环保无污染。

3. 高效螺杆空压机

配备螺杆式空压机，效率高、噪声低、供气充足。

4. 自动化水平高

自动控制系统可自动检测钻井液密度、控制混合罐液面平衡等，操作方便。

5. 减轻了人员劳动强度

整个加重过程，仅需一人即可完成，大大减轻了人员劳动强度，提高了工作效率。

7.2.5 常见故障及排除方法

1. 脉冲控制仪上电后，电源指示灯不亮，应检查电源输入端是否松动，电源保险是否熔断，电源变压器是否正常等；

2. 脉冲控制仪上电后，数码管显示和按键输入正常，但输出 LED 指示灯不亮，电磁阀不动作，可能是电路损坏；若输出 LED 指示灯全亮，可能是电磁阀公共端接触不良；

3. 若某一电磁阀工作不正常，应检查对应的三极管是否漏电或击穿损坏；若所有的电磁阀不动作，请检查阀公共端是否接触良好；

4. 下灰管路不供灰，可能的原因有：供灰或供气阀门未打开、气源压力过低、气化装置损坏等；

5. 混浆液体循环流量小，可能的原因有：灰量不足、管道阻塞、进出口阀门开度过小等；

6. 泵组无法正常启动，可能的原因有：控制系统故障、泵组未供电、急停开关未复位等；

7. 除尘装置不进空气，可能的原因有：除尘装置底阀未关严、吸气管破损、离心机反转等；

8. 螺杆空压机无法正常启动，可能的原因有：急停按钮未复位、电源相序错误、空压机故障等；

9. 液位无法自动平衡，可能的原因有：进液或排液管汇堵塞、平衡系统故障等；

10. 混浆密度无法达到设定值，可能的原因有：密度计故障、科式流量计故障、PLC 控制系统故障等。

7.3 钻井液强制冷却装置

在深井和超深井钻井过程中，地层温度随深度的增加而升高，一般每 100m 地温梯度为 3℃，以 6000～7000m 深井为例，井底温度可达 180～210℃或更高（我国石油天然气储量的主力接替区——松辽、渤海湾、塔里木、准噶尔及四川盆地等深部储层的温度高达 200～260℃）。地层温度升高将引起循环泥浆温度升高，这不仅影响泥浆性能，还影响井下工具的使用寿命和钻井作业的安全性，在冻土层钻井和天然气水合物钻井中，若泥浆温度高于冻土层或天然气水合物储层温度，则将引起冻土段或冻结岩石段扩径，或天然气水合物井底分解。因此，在钻井过程中对泥浆进行及时冷却，使之达到适宜的温度，是非常必要的。

7.3.1 泥浆钻井液温度对钻井作业的影响

7.3.1.1 泥浆性能

泥浆的塑性黏度随温度上升而下降，密度随温度上升而减小。温度越高，携岩性能越差，传递功率越小。为了保持钻井液的高性能就需要加入各种添加剂，这样就增加了生产成本。此外，高温还会造成钻井液控制难度增加，其原因是：一些处理剂在高温下易分解；高温会加剧影响处理剂效能的化学反应。

7.3.1.2 机械钻速

在钻井过程中，循环泥浆与井底岩石发生热交换，使井底岩石的温度发生变化。特别是在深井钻井过程中，由于岩石的温度较高，这种换热状态会更加剧烈。当较低温度的钻井液接触到井底岩石时，与钻井液接触的岩石表面会立即被冷却，温度下降，发生收缩，而岩石内部温度仍然为原始温度，导致岩石表面产生拉应力特征的热应力。因为岩石抗拉强度低，抗压强度高，当出现拉应力时岩石变得容易破碎，从而有利于提高机械钻速。温差越大，对岩石强度产生的影响越大。

7.3.1.3 井下钻具和井下仪器

井下动力钻具多采用螺杆钻具，其关键件定子为橡胶材料，过热的温度将严重缩短橡胶定子的使用寿命。另外，较高的井下环境温度将严重影响地质导向和随钻测量工具中的电子元器件的测量精度和使用寿命，甚至有些井因环境温度过高，导致井下钻具和仪器达不到温度要求而无法使用。如果降低循环钻井液的温度，就等于降低了井下钻具和井下仪器的环境温度，相当于扩展了井下钻具和井下仪器使用的温度范围，提高了其使用可靠性，延长了其使用寿命。

7.3.1.4 井壁稳定性

钻井液循环温度是造成井壁不稳定的主要因素之一。深井钻井作业中，下部地层温度较高，上部地层温度较低。泥浆循环过程中使下部井壁围岩温度降低，上部井壁围岩温度升高。由于受热膨胀，上部围岩切向应力增大，当热应力和原地应力之和超过岩石强度时，就会导致上部井壁失稳破坏。

钻井液温度与天然气水合物井的稳定性关系更为密切。天然气水合物受热分解会导致地层力学性能急剧变差，进而导致地层失稳。控制钻井液温度低于水合物相平衡温度，有助于维持井壁稳定，实现安全钻进。

7.3.2 钻井液冷却技术的现状

7.3.2.1 高温泥浆冷却方式

目前，在高温高压（HT/HP）钻井中，对高温泥浆的冷却处理一般采取的措施有如下几种：

1. 自然蒸发冷却。由于井内泥浆返回地面的温度高于环境温度，泥浆沿泥浆槽流动中会蒸发冷却而自然降温。利用该现象采取加长泥浆槽的循环路线的措施，可以在一定程度上达到冷却泥浆的目的。这种方法一般应用在钻井泥浆流量不大、返回泥浆温度不太高(低于55℃)、进出井温差不大(小于5℃)的情况下。

2. 低温固体传导冷却。可向泥浆池中投放低温固体，比如冰块，主要通过热传导方式来冷却泥浆，这种方法一般用于水基泥浆的冷却，在返回地面泥浆温度不高、进出井温差不大的情况下使用。

3. 泥浆冷却装置强制冷却。当返回泥浆温度较高、进出井温差过大时，需采用泥浆冷却装置强制冷却。日本在地热田钻井中，通常采用的冷却装置有2种：一种是采用大功率风扇，安装在振动筛旁；另一种是使用泥浆冷却塔，一般竖立在泥浆池中。冷却塔与风扇冷却泥浆的基本原理都是利用空气和泥浆直接接触，通过蒸发作用带走泥浆中的热量，冷却介质为空气，受大气温度的影响很大。美国、荷兰及新加坡等一些公司设计的泥浆冷却系统在地热和油气钻井中也得到了广泛的应用，以下列举了几个比较典型的钻井泥浆冷却系统，其基本原理如下：

(1) 泥浆从泥浆池或泥浆箱中由泥浆泵抽吸进板式换热器，与冷却剂进行换热，冷却剂为冷水或海水，如马来西亚的 COE Limited 公司和新加坡的 Lynsk 公司研发的钻井泥浆冷却系统，见图 7-12 所示。

(2) 泥浆从泥浆池或泥浆箱中泵进喷淋式换热器，冷水(或海水)直接喷射泥浆管束，风扇不断鼓入空气，气水混合加强泥浆的冷却效果，如美国 Drilcol, Inc. 研制的泥浆冷却系统，见图 7-13 所示。

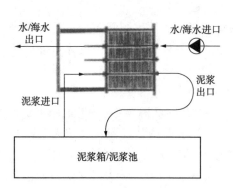

图 7-12　Lynsk 公司和 COE Limited 公司
钻井泥浆冷却系统原理图

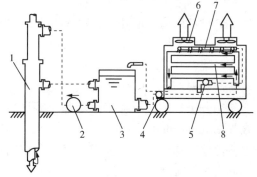

图 7-13　美国 Drilcol 公司钻井泥浆冷却原理图
1—钻杆柱；2—泥浆泵；3—泥浆箱/泥浆池；
4—泥浆泵；5—水泵；6—风扇；7—喷管；8—管束

泥浆冷却系统采用 2 个板式换热器，泥浆在主换热器中，通过与乙二醇/水溶液换热冷却，乙二醇/水溶液吸收泥浆热量后，返回第二个换热器中，将热量传递给海水，如荷兰 TaskEnvironmental Services 研发的海用钻井泥浆冷却系统。

在我国 HT/HP 钻井中，如羊八井热田地热钻井中，在 30~40m 深处温度就可超过 140~160℃，进出井泥浆温度差可达 5~20℃，且热流量也高，数百米深的井泥浆带出的热量可达 100 万大卡/h，加长泥浆循环槽，一般只能降温 1~2℃，因此，采用专用泥浆散热设备，散热量为 100 万大卡/h 以上，经散热器泥浆温度可降低 10~20℃，散热器出口处泥浆温度达到 60~70℃。我国科研人员提出了一种适合于 HT/HP 钻井中高温泥浆冷却的设计概念，基本原理是：泥浆冷却系统主要由 2 个板式热交换器、冷却器管线、强迫风冷（或水冷）总成组成，这种泥浆冷却系统的特点是 2 个板式热交换器设计在泥浆罐两侧，冷却介质与泥浆换热后，返回至强迫风冷（或水冷）总成通过风冷（或水冷）实现冷却介质的冷却降温，见图 7-14 所示。

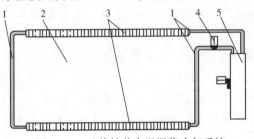

图 7-14　地热钻井高温泥浆冷却系统
1—冷却连接管线；2—泥浆循环罐；
3—热交换器；4—冷却循环泵；
5—强迫风冷总成

7.3.2.2　低温泥浆冷却技术现状

在冻土层（如北极圈冻土带）钻井中，冻土层温度在 0℃ 以下，在钻进冻土层时，如果钻井泥浆循环温度高于冻土层温度会引起一系列问题，如地层冻土消融引起井壁失稳，更严重会引起地面不均匀沉降使钻塔倾斜等。

在天然气水合物钻井中，由于水合物特殊的热物理性质，钻井液循环温度也必须严格控制，抑制水合物层在钻进过程中发生分解。如果钻井液循环温度高于水合物层温度引起水合物分解，会带来一系列问题，如大量气体分解，使井径扩大；套管被压扁，使井口装置或防喷器失去承载能力而发生倾斜，钻井施工将丧失压井控制手段，这就可能导致井喷及井塌事故。另外，分解后的气体可能破坏周围环境，有时还会出现溶洞，使天然气水合物地层下沉，出现地基沉降事故。

与高温高压（HP/HT）钻井高温泥浆的冷却不同，在冻土带钻井和天然气水合物钻井中，钻井泥浆需要冷却至零度及以下左右的低温状态，例如，1988 年在加拿大 Beaufort 波弗特海近海冻土层钻井中，为了保持井壁稳定采用泥浆冷却器将泥浆冷却至-9℃。在天然气水合物钻井中，钻井泥浆也要冷却至零度左右。1998 年在加拿大 Mackenzie（马更些三角洲）永冻层 Malik2L-38 天然气水合物钻井中，泥浆冷却装置采用的是一种平板式的换热器，将泥浆冷却至 2℃；2002 年，在加拿大 MackenzieMallik 天然气水合物试开采项目主井 Malik5L-38 钻井中，将泥浆冷却至-1℃；2003 年，在美国阿拉斯加北部斜坡天然气水合物试采井—热冰 1 井钻井中，泥浆被冷却保持在-5℃；2007 年在美国阿拉斯加北坡永冻层天然气水合物钻探中，采用的是美国 DrillCool 公司研制的泥浆冷却装置，泥浆被冷却至-2℃。HP/HT钻井中所采用的泥浆冷却措施很难满足此要求。

在低温泥浆冷却技术领域，最著名的公司是美国Drillcool公司，其泥浆冷却装置的原理是使用氨水制冷机组通过板式换热器制冷乙二醇溶液，冷却后的乙二醇溶液再通过螺旋换热器冷却泥浆，达到控制泥浆温度的目的。

目前我国在泥浆冷却技术及设备方面的研究，尤其是适用于低温泥浆的冷却技术及设备方面的研究，处于初期阶段，研究一种有效冷却泥浆的方法及设备对大力开展天然气水合物钻探具有迫切而重要的意义。

在中高温地热钻井和深部油气田钻井中，当循环泥浆温度>75℃时，必须采用钻井泥浆冷却设备进行及时冷却。在国外，如美国、日本、荷兰等国家，高温泥浆冷却技术已经比较成熟，泥浆冷却装备也较多。在我国，泥浆冷却装置在地热钻井中也有应用，对高温泥浆冷却技术针对性研究也有一定进展，但是高温泥浆冷却装备还远远没有形成系列产品，大型泥浆冷却设备主要还靠进口。

在冻土带钻井时，为了避免冻土井段和冻结岩层井段因融化而扩孔，甚至引起钻井平台的倾斜，返回地面泥浆必须进行冷却处理。天然气水合物作为当前的能源"宠儿"，对其研究也愈来愈深入，钻井取心是识别天然气水合物最直接的方法。由于天然气水合物的温压特性，钻井一般采用分解抑制法，即通过泥浆冷却，使泥浆进井温度保持在低温范围内(-4~4℃)，防止水合物地层和岩心温度升高，将相平衡状态维持在水合物分解抑制状态，避免水合物发生分解，维持井壁稳定。

7.3.3 新型钻井泥浆冷却系统

7.3.3.1 设计背景

钻井液海水冷却器作为在高温高压井中降低出口钻井液温度的新型冷却设备，利用常温海水作为冷却介质，通过冷却器对井口返回的高温钻井液进行热交换，达到冷却降温的目的和效果，常温井、高温高压井返出钻井液因温度过高引起的一系列问题得到解决。同时工程上还对该解决方案提出了低运行成本、占地面积小、摆放灵活、现场使用操作方便、维护简单等具体结构设计的要求。多年来钻井液海水冷却器技术一直由几家国际同行业公司掌握和垄断，该项目技术的研发和产品国产化对于海上或陆地钻井平台产品运用和成本控制都具有重要的现实意义，并且该项目的研发和实施的时间紧迫，无论是购买或是租用国外设备成本费用都非常昂贵。

7.3.3.2 系统特点及参数

我国科研人员根据现场实际工况要求，希望研发设计和制造出具有高性能参数的海水钻井液冷却器，它应当具有合理的结构，满足复杂的现场摆放和安装要求，满足作业人员操作更简单、使用更可靠、故障率更低、性能更优越、维护更方便的要求。换热器是整个冷却系统实现热交换的核心部件，它的性能优越与否直接关乎整个设备的成功，钻井液和载冷剂在换热器中循环流动，通过对流传热和热传导的方式完成热交换。由于钻井液排量大、腐蚀性强且含有固体颗粒，所以要求主换热器具有高的传热系数、较低的热阻、耐腐蚀、不易结垢、传热面积大、结构紧凑且维修方便，因此选用板式换热器作为主换热器，论证过程包括：利用对热交换过程的研究、理论计算，确定换热器的换热面积；采用换热器的类型、换热片的材质、流道型式、换热片密封垫片材质的选取选用；设备的结构组成及总体布置。装置设计参数如表 7-3 所示。

表 7-3　海水钻井液冷却装置设计参数

项　目	单　位	参　数
泥浆最大流量	m³/h	275
海水最大流量	m³/h	275
设计压力	Bar	16
换热器最高承压	Bar	20
压力降	kPa	≤100
散热面积	m²	230×2
散热片材质		TA1-A 钝钛板
密封圈材质		氟橡胶
结构管线流程材质		316
设计温度	℃	130
入口泥浆温度	℃	60~110
泥浆降温	℃	≥20
外形尺寸：长×宽×高	mm	主橇尺寸：7000×1500×2500 过滤单元：1900×1100×1010
设备总重量	kg	9650

（1）板式换热器的结构特点

泥浆冷却器的核心部分是换热器，有管式和板式等种类，板式换热器（如图 7-15 所示）具有其他种类换热器无法比拟的独特优点：

① 板片式结构（见图 7-15 所示）散热面积大，可以使泥浆和海水充分进行热交换；

② 独特的流道结构设计具有较高的散热效率；

③ 叠片式结构便于维护检修和清垢；

④ 可以根据需要增减散热片的数量。

（2）散热片材质及所用密封垫材质的确定

散热片材质：采用钛合金材料，具有极强的抗海水腐蚀能力，超长设计寿命。TA1-A 钛板的密度约为 $4.6g/mm^3$，有高导热性和优耐腐蚀性能。

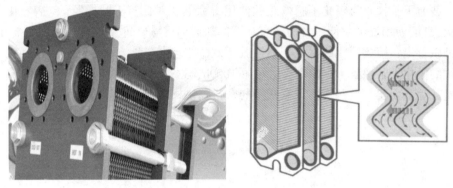

图 7-15　板式换热器结构

氯离子对板片材料选择的影响如表 7-4 所示。

表 7-4　氯离子浓度温度与板材关系

氯离子含量	60℃	80℃	120℃	130℃
$=10\times10^{-6}$	304 不锈钢	304 不锈钢	304 不锈钢	316 不锈钢
$=25\times10^{-6}$	304 不锈钢	304 不锈钢	316 不锈钢	316 不锈钢
$=50\times10^{-6}$	304 不锈钢	316 不锈钢	316 不锈钢	Ti
$=80\times10^{-6}$	316 不锈钢	316 不锈钢	316 不锈钢	Ti
$=150\times10^{-6}$	316 不锈钢	316 不锈钢	Ti	Ti
$=300\times10^{-6}$	316 不锈钢	Ti	Ti	Ti
$>300\times10^{-6}$	Ti	Ti	Ti	Ti

密封垫材质：散热片之间的密封圈考虑到设计最高工作温度达到120℃和长设计和使用寿命要求，选用氟橡胶 2605-270B（氟橡胶原料牌号：G902），以丁腈橡胶和氟橡胶为例做性能比较，结果见表 7-5 所示（GJB 250A—96、GB/T 30308）。

表 7-5　丁腈橡胶与氟橡胶性能对比表

项　目	丁腈橡胶	氟橡胶
生胶密度/(g/cm^3)	0.92~1.6	1.16~1.32
抗拉强度/MPa	15~30	20~22
延伸率/%	300~800	500~700
200%定伸 24h 永久变形/%	6	3~5
回弹率/%	5~65	20~50
永久压缩变形/%　100℃	7~20	5~30
抗撕裂性	良	优
耐屈挠性	优	优
耐冲击性	可	可

普通丁腈橡胶与氢化丁腈橡胶的使用寿命老化对比：丁腈橡胶(包括氢化丁腈橡胶)的使用温度、使用寿命一直是该冷却器项目需要研究的课题。从图 7-16 中可以看出，硫黄硫化的氢化丁腈橡胶 120℃时老化寿命 1000h 以上，过氧化物硫化的氢化丁腈橡胶 160℃时老化寿命 1000h，这个老化寿命时间与项目的要求相差甚远，而实际上，很多厂家所用的密封胶垫材质都采用普通的丁腈橡胶。

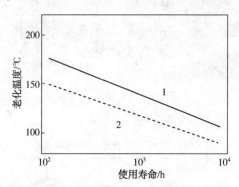

图 7-16　普通丁腈橡胶与氢化丁腈橡胶使用寿命对比

1—过氧化物硫化的氢化丁腈橡胶；2—硫黄硫化的氢化丁腈橡胶

散热片的结构(见图 7-17 所示)与成型：换热板片压制成型，它上面开有 4 个流道孔，中部压成人字形波纹，四周压有密封槽，内部粘有密封胶垫。换热板片通过两导杆定位对齐，两夹紧板通过夹紧螺栓将板片压紧，从而形成换热器内腔换热流道。

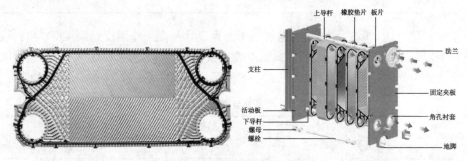

图 7-17　散热器结构与成型

散热片的槽形通道形式：换热板片的槽形通道形式有大角度板形(H 形)和小角度板形(V 形)两种形式。H 形板流动速度慢，压降大，热传导高；V 形板流动速度快，压降小，热传导低，如图 7-18 所示。

由 H 形和 V 形槽组合，形成三种通道，如图 7-19 所示：

① H+H＝H 通道，特点：高湍流、高压降、较大的热传导；

② V+V＝V 通道，特点：低湍流、低压降、较小的热传导；

③ V+H＝M 通道，特点：有效传导、结构强度高、抗震性好，且具有高壁面剪切力，不易结垢。

H形板材　　　　　　　　　　　　　　　　　　　V形板材

图 7-18　H 形板材和 V 形板材

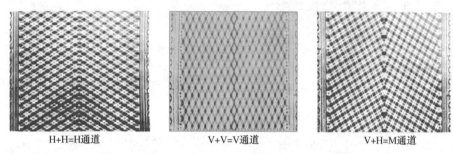

H+H=H通道　　　　　　　　V+V=V通道　　　　　　　V+H=M通道

图 7-19　通道组合

综上所述，选择钛合金材料制成的 M 形槽板式散热片，可作为泥浆冷却装置换热器的核心组成元件。板式换热器由 D 型、A 型、B 型及 E 型板组合而成，由各型板和密封条构成独自的流道，冷却水和泥浆分别按腔的奇偶性进入到散热板的两侧面，板上的瓦楞形流道使流体能均匀地布置在板面上，最大限度地在散热片中进行热交换，E 板是末端板，见图 7-20 所示。板式散热器具有换热面积大，热交换能力强等优点，独特的流道结构设计具有较高的散热效率，可使泥浆和冷却水进行充分的热交换，其叠片式结构也方便维护检修和清垢。

（3）换热面积计算

换热面积是换热器的重要参数之一，是决定设备性能的重要参数。理论上讲换热面积越大其处理能力和效果越好，但它同时又受到成本、结构、外形以及总体参数等因素的制约，合理的换热面积是设备的关键参数。

热交换设计数据计算过程如下：

由基本参数确定已知条件：a. 一次侧：油基泥浆，进口温度 $t_1 = 90℃$，出口温度 $t_2 = 60℃$，流量 $q_v = 125m^3/h$；b. 二次侧：冷却水，进口温度 $t_1 = 40℃$，出口温度 $t_2 = ?$，流量 $q_v = 125m^3/h$；

根据物性查表可得：a. 石油：$\rho_v = 900kg/m^3$，$C_v = 2.09kJ/(kg \cdot ℃)$，$\lambda_1 = 0.1396$；b. 水：$\rho_v = 1030kg/m^3$，$C_v = 4.18kJ/(kg℃)$，$\lambda_1 = 0.6277$。

由此可得换热量：

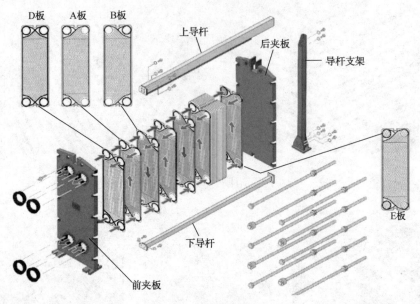

图 7-20 换热器结构

$$Q_1 = C_v \cdot \rho_v \cdot q_v \cdot \Delta t = 2.09 \times 900 \times 125 \times 30/3600 = 1959 \text{kW}$$

由热量守恒：

$$Q_1 = Q_2$$

$$Q_2 = C \cdot P \cdot q_v \cdot \Delta t$$

$$\Delta t = Q_2/(C_v \cdot \rho_v \cdot q_v) = 1959 \times 3600/(4.18 \times 1030 \times 125) = 13.1 \text{℃}$$

$$t_2 = t_1 + \Delta t = 40 + 13.1 = 53.1 \text{℃}$$

计算逆流传热时的对数平均温差：

$$\Delta t_m = (\Delta t_1 - \Delta t_2)/\ln(\Delta t_1/\Delta t_2)$$

$$= (36.9 - 20)/\ln(36.9/20) = 27.7 \text{℃}$$

计算理论传热系数：

$$K_{总} = (1/a_1 + 1/a_2 + R_{总})^{-1}$$

由热工实验得出：

$$a_1 = 700$$

$$a_2 = 5000$$

$$R_{t1水} = 0.43 \times 10^{-4}$$

$$R_{t2油} = 0.86 \times 10^{-4}$$

查表可得 TAI 的导热系数为 15.24×10^{-4}；

$$R_p = \delta/\lambda = 0.0006/15.24 = 0.3739 \times 10^{-4}$$

所以 $K = (1/700 + 1/5000 + 0.86 \times 10^{-4} + 0.43 \times 10^{-4} + 0.3739 \times 10^{-4})^{-1}$

$$= (14.28 \times 10^{-4} + 2 \times 10^{-4} + 1.6827 \times 10^{-4})^{-1} = 557.11$$

计算热交换散热面积：
$$A = Q/K \cdot \Delta t_m = 1959 \times 1000/(557 \times 27.7) = 126.96 \text{m}^2$$
考虑富余量：
$$A_{实} = A \cdot \gamma = 140 \text{m}^2$$
$$\gamma = (A_{实} - A)/A_{实} = 10\%$$

计算最终结果及选型：最终选用板型 BP150MV，面积 150m²，富余量约为 10%。

7.3.3.3 冷却装置的主要组成结构

（1）总体布局

泥浆冷却装置采用双换热器冷却单元对称结构布置，通过中间管汇实现对左右两侧的换热器进行分配的控制，并配备双组泥浆过滤器，可对入泵前的泥浆进行大颗粒过滤，防止泥浆中大颗粒固相物堵塞管路及换热器。主体单元采用撬装对称式结构，见图 7-21 所示，节省空间、占地小，方便安装拆卸和运输。

（2）泥浆过滤撬

泥浆过滤器是过滤泥浆中较大固相颗粒的装置，见图 7-22 所示，过滤器里安放的过滤桶在工作中会逐渐累积固相物，因此在设备运转一段时间后，应及时对过滤桶中的固相物杂质进行清理。现场使用人员可以通过进出口管汇压力表的压力差或泥浆进口上的流量计数值来确定清理时间。清理步骤：清理前应先关闭该过滤器前后的蝶阀，切断进出口泥浆通道，然后打开过滤器盖，取出滤桶，清除固相物杂质。清洗完成后，装回滤桶，扣好过滤器盖，打开两端关闭的蝶阀，该过滤器即可正常工作。建议两组过滤器交替操作使用，减少设备停机时间。

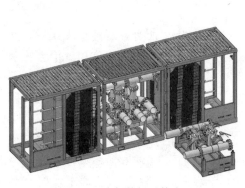

图 7-21　冷却装置总体布局

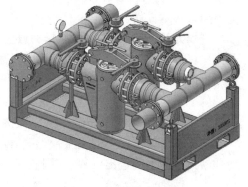

图 7-22　泥浆过滤撬装单元

（3）左/右换热冷却撬

左/右换热冷却撬采用撬装式结构，见图 7-23 所示，其核心部件换热器采用板式散热器结构，使泥浆和海水进行充分的热交换，每组换热器的换热面积达230m²，左右共达460m²。其内部独特的流道结构设计具有较高的散热效率，钝钛板材质散热片具有极强的抗海水腐蚀能力，配置的氟橡胶密封垫片耐高温，具备优良的高抗腐蚀氧化性能，以保证换热器的长使用寿命。交换器橇装单元上各管路均有一只通断 DN150 蝶阀(共 4 只)，并设计有泥浆/海水间的通断 DN100 蝶阀及管路，可实现反冲洗功能。

（4）进出口管汇橇

进出口管汇橇共装有 4 个 DN150 蝶阀和管件组件，见图 7-24 所示，通过对蝶阀的开/关控制管路的通断，泥浆进液管（高温）采用法兰硬连接，其余三路（低温）均采用法兰式挠性接头与两侧的换热器对应管相连接。在海水管路和泥浆管路之间还设计安装了两个 DN100 蝶阀，打开蝶阀后，利用海水对换热器进行反冲洗。

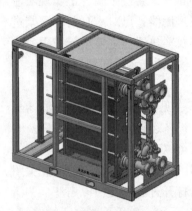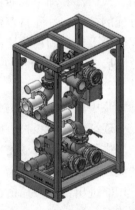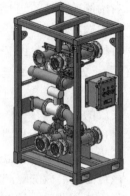

图 7-23　热交换冷却橇单元　　　　　图 7-24　进出口管汇橇

7.3.3.4　设备使用操作步骤

（1）正常操作

现场人员严格按操作规程对设备进行开机前检查，所有管线连接无误后，按照泥浆过滤器上的方向正确通过泥浆过滤器进入管汇单元的泥浆进口。沿着泥浆前进方向的线路打开/关闭管汇橇泥浆回路上的各控制蝶阀，使泥浆按照冷却器指示牌上泥浆的进出口和管道上箭头的指向流动，见图 7-25 所示，图中Ⓐ为阀门打开状态，Ⓑ为阀门关闭状态(Ⓒ处为反冲洗阀，正常工作时严禁打开)。

按照海水前进方向的线路，正确开/关管汇橇上的各控制蝶阀，使海水按照冷却器指示牌上的进出口和管道上箭头的指向流动见图 7-26 所示。注：海水流动管道为后排管道，Ⓐ、Ⓑ标示意思相同(Ⓒ处为反冲洗阀，正常工作时严禁打开)。

（2）反冲洗操作

反冲洗功能是该泥浆冷却装置独有的高效清洗功能，可直接利用海水对泥浆管路和换热器腔内进行反向冲洗。在进行反冲洗作业时，请按照图 7-27 所示流动线路将通过的阀门打开，其余阀门关闭。作业完毕后，各阀门再按照正常工作状态进行设置。

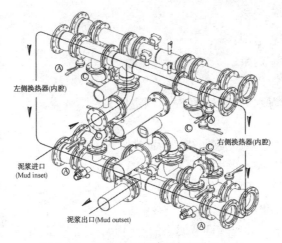

图 7-25　泥浆流动路线阀门开关状态图

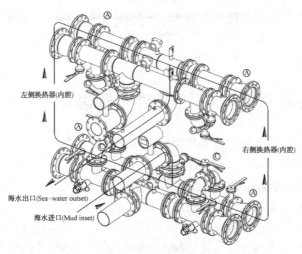

图 7-26　海水流动路线阀门开关状态图

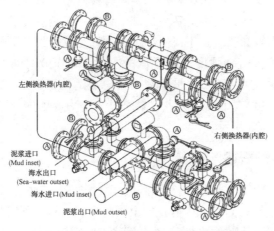

图 7-27　反冲洗流动路线阀门开关状态图

（3）设备开机顺序

① 接通外部总电源；

② 启动海水输送泵；

③ 启动泥浆输送泵；

④ 逐渐加大海水和泥浆的流量至额定值。

（4）设备关机顺序

① 按照操作规程对泥浆回路进行冲洗；

② 关闭泥浆和海水的输送泵；

③ 关闭外部总电源。

（5）使用注意事项

根据对泥浆温度的要求调节泥浆的进口阀，以此控制泥浆的流量和温度。

为了得到好的冷却效果，应保持海水流量不小于泥浆流量。

要经常检查换热器的所有密封面，观察有无渗漏等异常现象。若发现渗漏应及时在渗漏处做下记号，待停机后再处理，严禁在设备运行时旋动压紧螺栓。

要定期对低压侧的介质进行化验，监视有无内漏情况。

7.4 新型钻井顶驱机械密封冲管总成

目前，国内外在顶驱设备上成功使用的冲管总成有两种：盘根盒冲管总成和普通机械密封冲管总成。盘根盒冲管总成更换难度大，且盘根动密封易失效；普通机械密封冲管总成动、静环端面压力补偿是通过弹簧预紧力提供的，弹簧力在冲管使用过程中无法调节，使得高压钻井液泵启停时端面漏失量大，且长时间使用后弹簧易变形失效，导致端面漏失量进一步增大，当钻井过程发生震动时，普通机械密封冲管总成也难以保持机械密封的稳定性。新型机械密封冲管采用了新型平衡式机械密封设计，机械密封环摩擦副材料使用了具备耐磨、耐腐蚀、耐高温和减磨性能的工业陶瓷，因此新型机械密封冲管安装、维护、拆卸、更换密封环方便快捷，工作寿命长。这不仅能够减少冲管总成密封件更换周期和更换所花费的时间，降低工人劳动强度，还可延长连续钻井作业时间，提高钻井作业效率，降低钻井作业成本。新型机械密封冲管总成适用于 Varco TDS-11SA、TDS-8SA、IDS-1、IDS-4A、北石、天意、景宏以及宏华等国内外多种型号的顶驱设备，其外形见图7-28所示。

7.4.1 新型冲管概述

新型机械密封冲管由上螺母、下螺母、浮动总成、静止的上密封环和旋转的下密封环以及 O 型圈密封组成。静止的上密封环和旋转的下密封环是机械密封冲管的磨损消耗件。安装新型机械密封冲管总成所需时间不超过 1h，更换上下密

图 7-28　机械密封冲管外形图

封环不超过 5min，并且只需用一支 #19 棘轮扳手，通过拧紧和旋松两个弹簧预压紧螺母，就能轻松完成。

7.4.2　现场应用数据统计

不同型号和品牌的顶驱，其冲管安装界面（包括冲管通径、安装高度、上、下螺母的丝扣规格、轴向安装尺寸等）不尽相同，因此新型冲关的部分零部件的尺寸和重量将有所不同，但是不同型号的冲管基本结构相同，适用于表 7-6 所示顶驱的安装使用。

表 7-6　新型机械密封冲管使用情况统计

井队号	顶驱型号	安装时间	换环时间	带压运行时间
中油海 CPOE-15	Varco TDS-8SA	2015.3.28	—	纯钻进时间不小于 1000h
中油海 CPOE-16	Varco TDS-8SA	2016.4.30	—	纯钻进时间不小于 1000h
中油海 CPOE-17	Varco TDS-8SA	2016.6.15	—	纯钻进时间不小于 1000h
中石化海洋胜利 4 号	瑞灵 TD500-1000	2016.6.25	—	纯钻进时间不小于 1000h
中石化海洋胜利 8 号	瑞灵 TD500-1000	2016.8.27	—	纯钻进时间不小于 1000h
西钻克钻 70009	宏华 DQ450DBZ	2019.5.28	2019.9.23	共 119 天，总时长 1420h
大庆川渝 70168	天意 DQ70LHTYI	2019.5.27	2019.10.8	共 121 天，总时长 954h
川庆川西 50004	北石 DQ70BSC	2019.7.22	2020.3.5	共 227 天，总时长 1267h
大庆川渝 50241	北石 DQ50BC	2019.7.8	2019.10.27	共 110 天，总时长 1002h
大庆塔东 70147	景宏 JHDQ70DBS	2019.12.12	2020.04.22	共 131 天，总时长 921h
青海渤钻 70239	北石 DQ70	2019.12.20	2020.03.30	共 101 天，总时长 1800h

7.4.3　新型机械密封冲管主要技术参数

新型机械密封冲管主要技术参数如表 7-7 所示。

表 7-7　新型机械密封冲管技术参数

技术参数		
冲管通径	76.2mm(3.0″)	101.6mm(4.0″)
额定工作压力	35MPa 或 52.5MPa (5000psi 或 7500psi)	35MPa 或 52.5MPa (5000psi 或 7500psi)
适用介质	水基泥浆或油基泥浆	水基泥浆或油基泥浆
外形尺寸(长度*外径)	368.3mm*241.3mm (14.5″*9.5″)	419.1mm*266.0mm (16.5″*10.5″)
重量	40kg(90lbs)	50kg(110lbs)

7.4.4　新型机械密封冲管结构

新型机械密封冲管采用新型平衡式机械密封设计，由上螺母、下螺母、浮动总成、上密封环(静环)和下密封环(动环)、辅助密封圈以及 O 型圈组成(如图 7-29 所示)。

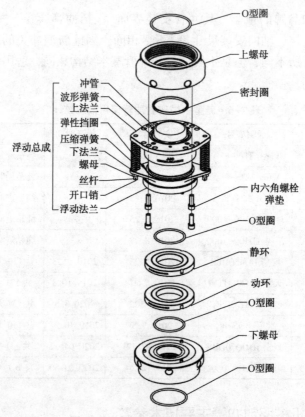

图 7-29　新型机械密封冲管结构

上螺母通过螺纹和钟罩内的 S 管下接头连接，浮动总成与上螺母通过螺栓连接，下螺母则通过螺纹安装在主轴上端，上、下螺母螺纹分别与 S 管下端螺纹、主轴上端螺纹相匹配，都采用反扣，防止在顶驱工作时松开。

浮动总成由上法兰、下法兰、冲管、浮动法兰、弹性挡圈、压缩弹簧、弹簧导杆、密封、螺母、平垫、O 型圈等组成。浮动总成通过螺栓固定，安装在上螺母下端，用于补偿顶驱旋转时主轴的轴向跳动和径向摆动，确保上下密封环的贴合。冲管的上端装入上螺母内孔，与上螺母之间通过密封圈密封；冲管的下端装入浮动法兰内孔，与浮动法兰之间通过密封圈密封；冲管通过弹性挡圈悬挂在上法兰上。浮动法兰上端装入上法兰内孔，浮动法兰上端装有防转销，上法兰内加工有防转槽，防转销装配在防转槽内；浮动法兰的下端装配有下法兰，下法兰通过弹性挡圈和浮动法兰连接；上法兰和下法兰之间配有压缩弹簧和带螺纹的弹簧导杆，通过弹簧导杆下端的螺母，可以升高或降低浮动法兰相对于上支撑法兰之间的位置，达到快捷更换密封环的目的。浮动法兰和上支撑法兰之间没有相对转动，但允许轴向运动和径向摆动。

上、下密封环形成一对机械密封摩擦副，安装在浮动总成和下螺母之间，上密封环的上端面有防转槽，浮动法兰的下端面配有防转销，安装时防转销插入防转槽，因为浮动法兰不转，上密封环也不转动，因此上密封环也叫静环。下密封环下端面加工有防转槽，下螺母的上端面上装有防转销，安装时防转销装入防转槽，从而下密封环随着主轴转动而转动，因此下密封环也叫动环。

冲管安装完成后，必须松开弹簧导杆下端的螺母，保证压缩弹簧的预压力作用在浮动法兰上。浮动法兰的下端面和下螺母的上端面上分别装有 O 型圈，静环与浮动法兰之间以及动环与下螺母之间均通过端面 O 型圈密封，而动环和静环之间通过摩擦副材料的对磨形成端面密封，弹簧的压力形成了两端面之间的初始密封状态。

当密封端面由于各种因素（如密封端面磨损、密封端面窜动等）作用导致产生轴向位移时，浮动总成可推动静环沿轴向移动，达到一定的补偿作用；同时，当密封端面由于各种因素（如密封端面磨损、密封端面窜动等）作用导致回转中心产生偏移，浮动总成允许静环回转中心跟随密封端面回转中心一起偏移，达到一定的补偿作用。

动环和静环组成的平面摩擦副构成密封装置，依靠加压弹簧和密封介质（泥浆）的压力，在旋转的动环和静环接触端面产生适当的压紧力，使动环和静环相接触的端面紧密贴合，且端面间始终维持一层极薄的液膜，从而起到密封作用。如果现场长时间连续工作，动环和静环之间的摩擦副达到使用寿命而导致密封失效时，只需重新更换动环和静环即可。新型机械密封冲管整体安装所需时间约为 1 小时，更换机械密封摩擦副（动环和静环）所需时间约为 5 分钟，因此新型机械密封冲管的维护保养和更换工作变得十分简捷、高效。

7.4.5 新型机械密封冲管总成的现场安装

根据顶驱型号选择对应的新型机械密封冲管型号,准备好所需的安装工具及润滑脂,如#19棘轮扳手、扭矩扳手、千分表(带磁力表座)、润滑油、润滑脂及锁线等。

7.4.5.1 上、下螺母安装界面测量

(1)清理主轴端面及螺纹、鹅颈管端面及螺纹,确认螺纹及密封端面完好;

(2)测量校检上、下螺母安装界面对齐情况是否达到规定要求。若测量结果不在规定要求范围内,则安装新型机械密封冲管之前必须对设备进行调整,直到对齐情况达到规定要求。如有必要,可咨询相关顶驱生产制造厂家。

主轴上端端面跳动测量如图7-30所示。将千分表(带磁力表座)的磁力表座固定于钟罩之上,主轴旋转一周,千分表指针波动范围即跳动量读数,这一数值应≤0.1mm。

鹅颈管接头末端端面相对于主轴端面跳动测量如图7-31所示。将千分表(带磁力表座)的磁力表座固定于主轴上端面之上,主轴旋转一周,千分表指针波动范围即跳动量读数,这一数值应≤0.15mm。

图7-30 顶驱主轴上端面测量图　　　　图7-31 鹅颈管端面测量图

主轴端径向圆跳动测量如图7-32所示。将千分表(带磁力表座)的磁力表座固定于齿轮箱盖上,主轴旋转一周,千分表指针波动范围即跳动量读数,这一数值应≤0.10mm。北石、景宏、天意等品牌的顶驱,测量位置为主轴凸台的外缘;NOV、宏华等品牌的顶驱,测量位置在主轴螺纹的上端,即没有螺纹的那段外缘。

7.4.5.2 下螺母总成安装

(1)清理主轴的密封端面和接头螺纹;

(2)给主轴螺纹涂抹适量润滑脂;

(3)清理下螺母螺纹及O型圈槽;

图 7-32　顶驱主轴端径向圆测量

（4）给下螺母的螺纹及 O 型圈槽涂抹适量润滑脂，然后安装 O 型圈；

（5）如图 7-33 所示，将下螺母旋入主轴，最后运用扭力棒上紧下螺母，扭矩不小于 300N·m（220ft·lbs）。

（6）安装注意事项：避免用榔头直接敲击下螺母，防止造成损伤，使用随机提供的扭力棒安装和拆卸下螺母。如果螺纹遇卡，可适当用榔头敲击扭力棒进行松动，敲击之前确保冲管机械密封环已经完全拆除。上、下螺母均为左旋螺纹（反扣），逆时针旋入，顺时针时旋出。

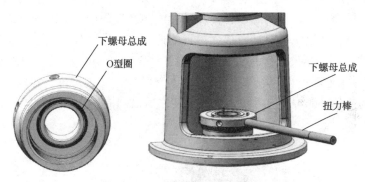

图 7-33　下螺母安装示意图

7.4.5.3　上螺母安装

（1）清理下螺母的上端面，放上辅助安装护垫；

（2）清理鹅颈管接头密封端面和接头螺纹，并给螺纹涂抹适量通用润滑脂；

（3）清理上螺母的螺纹、O 型圈槽及复合密封槽；

（4）给上螺母的螺纹、O 型圈槽及复合密封圈槽涂抹适量通用润滑脂；

（5）安装 O 型圈和复合密封圈；

（6）如图 7-34 所示，将上螺母旋入鹅颈管接头，只需手动旋紧螺纹即可，暂时不用扭力棒完全上紧。

（7）安装注意事项：确保上螺母和浮动总成安装之前已经安装好辅助安装护

垫，它的作用是安装浮动总成时保护螺母端面，同时防止零部件掉入主轴孔内。上螺母无须完全拧紧，下一步安装过程中需不断转动上螺母，以方便安装固定浮动总成上的所有内六角螺栓。

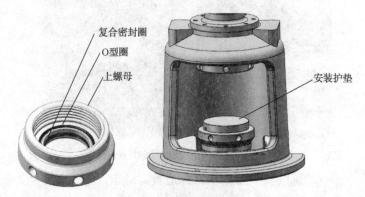

图 7-34　上螺母安装示意图

7.4.5.4　浮动总成的安装

（1）清理上螺母的下端面；

（2）给浮动总成的冲管和波形挡圈涂抹适量润滑脂；

（3）旋紧弹簧丝杆上的螺母，使浮动总成弹簧处于适当压缩状态，然后将浮动总成置于辅助安装护垫之上；

（4）旋松弹簧丝杆上的螺母，使浮动总成弹簧张开，直至浮动总成冲管进入上螺母通孔内。然后调整浮动总成，尽可能地使 2 条弹簧分别处于 3 点钟和 9 点钟方向（安装人员面对冲管时），同时选择上法兰 4 个螺栓过孔（共 12 个螺栓过孔）与上螺母 4 个螺纹孔（共 12 个螺纹孔）对齐，以安装内六角头螺栓。选择螺栓孔对齐时，务必保证 4 个内六角头螺栓安装之后沿圆周是均匀分布的，如图 7-35 所示；

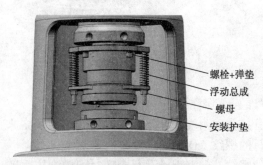

图 7-35　浮动总成安装示意图

（5）运用内六角扳手（#10）拧上前面 2 条螺栓（带弹垫）；

（6）将上螺母转动 180°，再拧上另外 2 条螺栓（带弹垫），然后转动上螺母，依次拧紧 4 条螺栓；

（7）用钢丝锁线将4条螺栓安装串联以防掉落，安装时转动上螺母，将前后螺栓全部串联起来；

（8）运用扭力棒上紧上螺母，上紧扭矩不小于300N·m（220ft-lbs）；

（9）取下辅助安装盘，留待下一次拆装使用。

7.4.5.5 密封环的安装与更换

（1）分别仔细清洁浮动环上、下端面及端面上的O型圈槽，在O型圈槽内涂抹少量低黏度润滑油（齿轮油或液压油），然后安装O型圈，如图7-36所示；

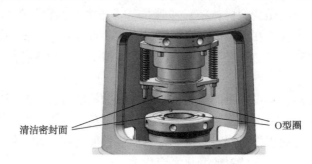

图7-36 上下端面及O型圈

（2）将动环（平面环）从包装盒内取出，仔细清洁陶瓷环的上下端面，并在上端面（无防转槽）上涂抹少量低黏度润滑油（齿轮油或液压油），然后将其放置于下螺母上，使下螺母上的防转销嵌入动环上的防转槽内；

（3）将静环（台阶环）从包装盒内取出，仔细清洁陶瓷环的上下端面并在下台阶端面（无防转槽）上涂抹少量低黏度润滑油（齿轮油或液压油），然后将其放置在动环上，将静环上端面的防转槽和浮动总成下端面的防转销对齐；

（4）用#19棘轮扳手，交替拧松2条丝杆上的螺母，使浮动总成展开，确保浮动总成下端3个防转销分别进入静环对应的防转槽内，如图7-37所示；

（5）继续拧送丝杆上的六角螺母，使螺母充分分开，直到螺母上端面与下法兰下端面间距不大于3mm，如图7-38所示机械密封面相互贴合。

图7-37 展开浮动总成示意图

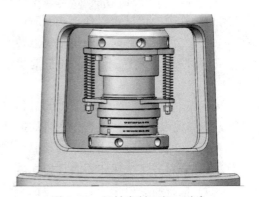

图7-38 机械密封面相互贴合

7.4.5.6　静压测试

冲管安装之后，正常运转之前，必须按以下步骤完成对冲管的静压测试。静压测试过程中顶驱主轴静止，不转动，观察是否存在泄露，具体步骤如下：

（1）缓慢加压至2MPa，然后保持压力5min，观察是否有泄漏；

（2）缓慢加压至5MPa，然后保持压力5min，观察是否有泄漏；

（3）缓慢加压至21MPa，然后保持压力5min，观察是否有泄漏；

（4）缓慢加压至35MPa，然后保持压力5min，观察是否有泄漏；

需要特别注意的是新型机械密封冲管是基于压力平衡设计的机械密封装置，静压测试过程中不应存在泄漏。如有泄漏，表明冲管没有正确安装或顶驱设备没有达到规定的对齐要求。务必再次检查冲管安装情况，检验设备是否达到规定对齐要求。

新型机械密封冲管设计目的是为了减小在主轴旋转过程中的泥浆泄漏，如有轻微泥浆渗出是正常情况。泥浆的轻微渗出，可避免机械密封摩擦副处于干摩擦状态而对密封面造成损伤，同时对机械密封面进行润滑和冷却。泥浆渗出量随泥浆密度、黏度、设备对齐情况的变化而变化。

7.4.5.7　密封环的更换：

用#19棘轮扳手紧固丝杠上的螺母，提升浮动轴承直到合适位置，取出原有密封环，清洁端面，涂上润滑脂，再装上新的密封环，按以上步骤完成更换，最后进行静压测试。

7.4.6　新型机械密封冲管的使用注意事项

（1）机械密封环(动环和静环)均为内圈为陶瓷，外圈为金属环的高精密复合环，振动和冲击可能对其造成损伤。

（2）机械密封环运输、贮存以及安装过程中，必须采取专用防护措施，避免任何振动和冲击。

（3）震击器作业可能损伤机械密封环，震击作业完成后必须仔细检查新型机械密封冲管中的机械密封环，必要时进行更换。

（4）无泥浆循环时，若主轴仍然转动，此时新型机械密封冲管中机械密封环之间的摩擦为干摩擦，干摩擦可能对机械密封环造成损伤，应尽量避免顶驱主轴空转。

（5）顶驱运输、安装以及拆卸过程之前，必须拆卸出新型机械密封冲管中的机械密封环，以防上述过程中产生的振动和冲击对机械密封环造成损伤。

（6）及时检查钟罩内泥浆的干涸及堆积情况，过多的泥浆堆积表明机械密封面没有完全对齐，或机械密封环损坏需要进行更换。

（7）检查新型机械密封冲管弹性密封件的泄漏情况，极少数情况下，新型机械密封冲管所使用的弹性密封元件会出现失效，需及时更换。

（8）涉及浮动总成拆卸的相关操作（如复合密封更换、弹性挡圈更换等操作）之后，重新安装已使用过的机械密封环，有可能造成动、静环之间的原有摩擦副产生剧变，以致密封环使用寿命短或泥浆渗出量过大。因此涉及浮动总成拆卸的相关操作（如复合密封更换、弹性挡圈更换等操作）之后，需要更换密封环。

7.4.7　新型冲管的优势特点

（1）工作寿命长：密封环摩擦副采用耐磨、耐腐蚀、耐高温的高性能复合陶瓷材料。主体材料采用高强度不锈钢，可承受 120℃ 高温、52.5MPa 高压，带压运转时长可达 1000~1500h。

（2）适用范围广：静环对动环的追随性优越，对安装界面公差要求大幅降低，适用于各种作业环境及不同型号的顶驱。

（3）维护易而快：通过松紧弹簧预压紧螺母对上下密封环起定位和预压紧作用，仅用一把棘轮扳手 5min 即可完成密封环更换，显著提高工作效率、降低劳动强度，增强作业安全。

7.4.8　常见的故障现象及解决措施

常见的故障现象及解决措施见表 7-8 所示。

表 7-8　新型机械密封冲管常见故障及解决措施

故障现象	可能的故障原因	解决措施
上螺母与鹅颈管接头螺纹连接处泄漏	上螺母 O 型圈失效	检查并更换上螺母 O 型圈
浮动总成泄漏	1. 上螺母复合密封失效； 2. 浮动总成复合密封失效	1. 检查上螺母杆密封是否失效，如失效请进行更换； 2. 检查浮动总成杆密封是否失效，如失效请进行更换
静环与浮动总成结合面处泄漏	静环 O 型圈失效	检查静环 O 型圈是否失效，如失效请进行更换
动、静环结合面处泄漏	1. 动环或静环密封面磨损严重； 2. 设备没有对齐	1. 检查动环和静环密封面磨损情况，如磨损严重，请进行更换； 2. 检查设备是否对齐：主轴轴向跳动值应 ≤0.15mm，主轴端面跳动值应 ≤0.10mm，鹅颈管端面相对于主轴端面跳动值应 ≤0.15mm，主轴端面径向圆跳动值 ≤0.10mm。如果没有达标，请调整设备，直到达到规定要求
动环与下螺母结合面处泄漏	动环 O 型圈失效	检查动环 O 型圈是否失效，如失效请进行更换
下螺母与主轴螺纹连接处泄漏	下螺母 O 型圈失效	检查下螺母 O 型圈是否失效，如失效请进行更换

7.5　设备 MRO 物联网信息管理系统

7.5.1　装备 MRO 物联网系统概况

　　MRO 是保养、维修、运行的英文首字母缩写，装备 MRO 物联网系统就是基于物联网技术和信息化手段对装备的保养、维修、运行进行管理的系统。目前以物联网、大数据、云计算及 5G 等作为代表的新一代信息化技术，正在加速与传统油气工业的融合，推动企业向数字化主导的现代化运营新模式转变。石油工程企业要顺应信息技术快速发展的趋势，通过与物联网技术公司跨界合作，寻求新的运行模式和管理方式。物联网是用于连接各种终端的传感器和通信网络，形成的可扩展、广覆盖的人与物、物与物之间的大规模数据集合。在钻井行业中，现场设备众多，流动性大，生产危险性大。整个钻井过程要得到有效的控制和管理，实现安全高效，现场人员就需要对钻井全过程进行实时监测、预防并及时预警可能的设备故障。然而钻井现场需要监控的设备和监控点众多，有线系统在现场布线困难，成本高，而且可靠性较差，维护困难，费用高。物联网技术以向全时空、全过程、全状态的多维度泛在感知和透明化发展为目标，能够将数量众多、形式各样、具有感知能力的传感设备通过各样的通信技术实现互联，形成超大规模的海量数据感知、传输、处理和存储。装备 MRO 物联网系统在全面采集装备运行参数基础上，融合生产信息，实现了对钻井生产设备实时监控，有助于钻井设备管理者和钻井生产运行人员作出科学决策，监督设备使用人员进行预防性维护，降低了设备停工时间，提高了钻井时效，缩短了钻井周期，提升了装备服务能力与管理水平。

7.5.2　MRO 物联网系统的组成

7.5.2.1　MRO 物联网系统的感知层

　　感知层由井场现场实时信息采集装置设备组成，如射频标签、各种传感器、摄像头和卫星定位系统等，用来实现对钻井工程相关信息的全面感知和各种设备的控制。

　　射频技术是一种非接触式的自动识别技术。射频标签具有唯一性，钻机设备的管理单位可以把射频标签装在钻机设备的各个组件上，如同设备的身份证一样，设备的使用人员可以在现场用专用的手持终端对设备信息进行读取，并且射频标签的穿透能力强，不受冰雪、泥浆、油漆等的影响。设备管理者可通过现场人员的查询和记录在后台中获取设备的位置、检修时间以及使用情况等信息。

　　传感器是一种检测装置，能感受到被测量的信息，并能将感受到的信息，按一定规律变换成为电信号或其他所需形式的信息输出，以满足信息的传输、处理、存储、显示、记录和控制等要求。在物联网中，每一个需要识别和管理的设备上，都需要安装与之对应的传感器来获取设备的运行状态信息。如温度传感器可以用来判断设备是否过度磨损；润滑油压力传感器可以用来确定润滑油泵是否正常运行；流量计可以用来记录设备的燃料消耗等。传感器是连接设备与信息的桥梁。

摄像头则用来获取动态画面，包括钻机井场的整体画面、关键部位如钻台面、司钻房、泥浆泵区域的画面，都可以被摄像头记录下来，并通过网关传到远程服务器中保存。

卫星定位系统与射频标签的手持终端配合使用，用于确定设备的具体位置信息，提供给后台参考。

7.5.2.2　MRO 物联网系统的传输层

在物联网的三层体系架构中，传输层主要实现信息的传送和通信，传输层可依托公众电信网和互联网，也可以依托行业专业通信网络，也可同时依托公众网和专用网。同时，传输层承担着可靠传输的功能，即通过各种通信网络与互联网的融合，将感知的各方面信息，随时随地的进行可靠的交互和共享，并对应用和感知设备进行管理和鉴权。由此可见，传输层在物联网中重要的地位。

传输层包括接入层和核心层。接入层包括各种现场总线如 RS232/RS485 等。接入层将传感器的电信号通过通信协议整合以供处理。核心层则通过各种方式，如光纤、WiFi、4G、5G、卫星等，让数据在现场和中心数据库之间进行传输。

7.5.2.3　MRO 物联网系统的应用层

应用层位于钻井装备物联网三层结构中的最顶层，其功能为对采集的设备信息进行分析处理，即通过数据库、云计算等手段进行信息处理。应用层与最低端的感知层一起，是钻井装备物联网的显著特征和核心所在，应用层可以对感知层采集数据进行计算、处理和知识挖掘，从而实现对钻井装备的实时监控、精确管理和科学决策，提高设备使用效率。

7.5.3　装备 MRO 物联网系统典型应用场景

7.5.3.1　装备 PM 管理

PM 即 preventive maintenance，指的是对设备的预防性维护保养。在设备预防性保养中，首先需要在系统中根据设备的原始生产厂家推荐的周期设定设备的维护保养周期；再根据物联网系统中实时获取的设备运转时间判断是否需要维护保养，需要何种程度的维护保养，并据此生成保养工单和物料申请，通知现场人员进行维护保养作业；现场人员维护保养完成后，在系统内关闭维护保养项点，同时该项点维护保养周期归零，重新开始统计。

由此可见，基于装备 MRO 物联网系统的 PM 管理系统是一个闭环的系统，不仅能够督促现场人员及时进行设备维护保养，还能实时自动生成设备运转保养记录，大大减少了现场的纸质资料，实现了对设备的全生命周期维护。

7.5.3.2 装备能耗管理

通过流量传感器可以实时获取每台柴油发电机的油料消耗情况。在后台应用系统中生成实际油料消耗曲线，结合大数据技术，可以分析出具体工况下的油料消耗情况，帮助井队实时掌握柴油库存情况并准确预测柴油的消耗，达到保证合理库存、减少浪费的目的。同时，也可以对每台柴油发电机相同工况下柴油消耗量进行对比，从而有的放矢地对柴油发电机进行检查，最大程度上消灭跑冒滴漏现象。

7.5.3.3 装备故障预警

安装在设备上的电压、电流、温度传感器以及红外测温探头等物联网感知设备可以准确地反映设备的运行状态。当设备出现机械故障的苗头时，通常会出现电流异常波动、局部温度升高等现象。根据实时数据曲线和大数据分析，可以判断出设备的异常工况，并且通过相应的应用推送给现场人员，现场人员据此对设备进行检查，确认设备状态，并完成对设备故障隐患的闭环管理。

7.5.3.4 设备故障诊断

通过扩展钻井电控系统和顶驱电控系统的 Ethernet 模块，与装备 MRO 物联网系统进行互联互通，不仅能够使公司的电气设备专家远程访问现场电控系统的 PLC，并通过实时监控 PLC 的运行情况，对设备的故障进行诊断，指导现场人员对故障进行处理；还能够通过数据采集功能追溯设备的操作，确定故障的来源。设备故障实时诊断避免了物理距离造成的舟车劳顿，提高了故障处理的效率。

7.5.4 国际油服企业物联网应用现状

国际油服公司积极应用物联网技术，改变作业方式和管理模式。Nabors 公司正在采用 RFID 技术来帮助其维护和管理其位于加拿大内的钻机。利用该系统，公司的管理者可以在任何时间知道公司的设备在何地，它们是否被检修，甚至能知道检修的时间。现场作业人员通过定期的扫描每个 RFID 标签来提供关于每个设备的实时位置。如果这个设备的检测周期到了，手持终端会在读取该设备标签后进行提示，显示它需要进行的维护保养。当员工需要现场检查设备时，他可以用手持终端的提示来指导自己应该如何着手进行。该系统还可以被用来确认设备符合原始设备制造商的规定和监管要求。远程追踪上百种资产的位置、工况和维护保养记录史为这个公司节约了大量的人工成本和设备维护成本，并将在全北美推广该技术。Nabors 将包括顶驱、自动猫道、铁钻工等设备的电控功能集成在了同一个控制终端，并且配备了远程登录功能，可以远程监控和操作设备，并对设备故障进行诊断；同时 Nabors 的 Rigcloud® 则实时获取钻进过程中的各项参数，由后台支持工程师对定向等工艺进行远程指导。

Baker Hughes 借助通用电气的力量，设立独立的数字化板块，依托 Predix 物联网平台，侧重设备运营，将自己打造成全球独一无二的全领域数字化油气工业公司。Baker Hughes 在与通用电气的并购重组中从 GE 油气继承大量物联网业务，并将其扩充为独立的业务板块"数字化解决方案"。根据通用电气的物联网转型理念和现有业务的性质，将发展重点集中在设备故障预测等领域，例如 APM 系统监测分析各项设备运营情况，对潜在故障进行早期预警，预测诊断方案，形成设备资产管理和发展策略的通用方法，助力企业在降低作业风险的同时降低成本，并确保与固定资产相关的监管合规合法。

参 考 文 献

[1] 高杭，刘海涛. 钻井液冷却系统概念设计[J]. 石油矿场机械，2007，36(6)：2.

[2] 赵江鹏，孙友宏，郭威. 钻井泥浆冷却技术发展现状与新型泥浆冷却系统的研究[J]. 探矿工程：岩土钻掘工程，2010(9)：5.

[3] 雷宇，李显义，楚飞，等. 一种新型机械密封冲管总成：201910461017. X[P]. 2019-05-30.

[4] 于海娇. 加拿大钻井公司从 RFID 技术中获益[J]. 中国防伪报道，2009(7)：2.

[5] 丁建新，李雪松，朱亚冰，等. 国际油田技术服务企业信息化与业务融合趋势研究[J]. 中国石油和化工标准与质量，2020，40(21)：6.

第 8 章

石油钻机动力节能技术及装置

随着国际油价的剧烈波动，国内能源供应日益紧张，践行"节能降耗、绿色发展"理念成为时代发展的趋势，而节能减排、降耗增效也成为石油企业低成本、实现可持续发展的途径之一，尤其随着近年来国家"双碳"目标的提出，给钻机节能提出了更高的要求。在石油钻井工程中，钻井设备作业时的能源消耗占据了绝大部分。然而，节能新技术、新设备在钻机上的运用不仅受到外部经济环境、成本投资的影响，也受到了设备更新换代周期的限制，因此，对现有钻机的节能与储能技术进行研究，对降低企业生产的能耗有重要作用，同时也逐渐受到了石油企业的高度关注。本章着重介绍近几年来石油钻机节能方面的新技术、新工艺、新装置。

8.1 无功功率补偿及谐波抑制技术

8.1.1 概述

石油钻采设备通常工作于公共电网所不及的沙漠、海洋和陆地等环境场合，其中的电源系统由数台柴油发电机组或市电及其相应的控制系统构成，为石油钻机提供动力电源。石油钻机中的钻井设备(绞车、泥浆泵和转盘等)由大功率的交流或直流电动机驱动，根据钻井工艺需要调节转速和控制转矩，因此，通常采用 VFD 变频调速系统或 SCR 直流调速系统来满足钻井工艺要求。

众所周知，电力电子装置(VFD 变频传动系统和 SCR 直流传动系统)会对电力系统带来谐波污染，尤其是对柴油发电机组小电网系统，谐波污染的问题将更为严重，而且 SCR 电驱动系统的功率因数较低，也给小电网系统带来额外负担，影响供电质量。因此，对石油钻机电驱动系统进行谐波抑制和提高功率因数，显得尤为重要。

8.1.2 谐波抑制和无功补偿技术的研究现状

传统的补偿无功功率和抑制谐波的主要手段是设置无功补偿电容器和 LC 滤波器，这两种方法结构简单，既可以抑制谐波，又可以补偿无功功率，一直被广泛应用。但这种方法的主要缺点是补偿特性受电网阻抗和运行状态影响，易和系统发生并联谐振。此外，它只能补偿固定频率的谐波，难以对变化的无功功率和谐波进行有效的动态补偿。

随着现代电力电子技术和功率器件的发展，晶闸管获得广泛应用后，以晶闸管控制电抗器（TCR）为代表的静止无功补偿装置（SVC）有了长足的发展，见图8-1所示，其可以对变化的无功功率进行动态补偿。近年来，随着以GTO、BJT和IGBT为代表的全控型器件向大容量、高频化方向不断发展，采用电力电子技术的各种有源补偿装置发展非常迅速。

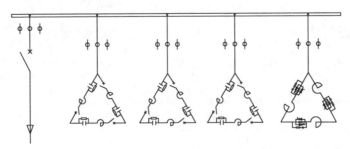

图8-1 FC+TCR动态无功补偿装置主电路单线图

在谐波抑制方面，则出现了电力有源滤波器（Active Power Filter，简称APF），见图8-2所示，其基本原理是从补偿对象中检测出谐波电流，由补偿装置产生一个与该谐波大小相等而极性相反的补偿电流，从而使电网电流只含基波分量，和新型静止无功补偿装置（SVG）基本原理相同。

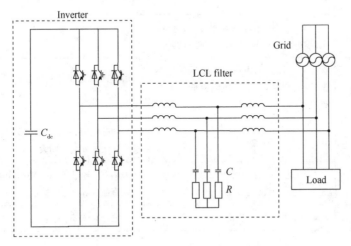

图8-2 并联型APF系统原理图

MEC电能质量综合优化装置是当今无功补偿领域最新技术的代表。电能质量综合优化装置并联于电网中，相当于一个可变的无功电流源，见图8-3所示，其无功电流可以快速地跟随负荷无功电流的变化而变化，自动补偿系统所需无功功率，其与 APF+无源补偿方法的主要区别见表8-1所示。

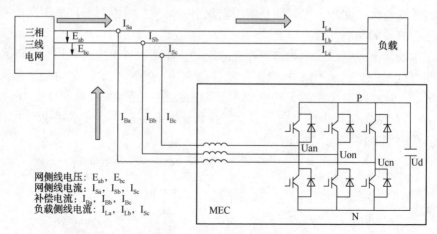

网侧线电压：E_{ab}，E_{bc}
网侧线电流：I_{Sa}，I_{Sb}，I_{Sc}
补偿电流：I_{Ba}，I_{Bb}，I_{Bc}
负载侧线电流：I_{La}，I_{Lb}，I_{Sc}

图8-3　MEC 系统原理图

表8-1　MEC 对比 APF+无源补偿

项　目	MEC	APF+SVC/FC/TSC
无功补偿能力	从额定容性至额定感性，无级调节。额定范围内，补偿功率因数大于等于0.99	有级调节，存在过补与欠补
谐波治理能力	自身不输出谐波，也不会放大系统谐波，可以同时对2～13次谐波进行滤除	APF 可以对2～50次谐波进行治理；但是剩余谐波，电容补偿装置可能会对其放大，产生谐振
三相不平衡治理	三相交流电通过直流侧连接，可以调配功率，三相不平衡治理能力强	基本无此功能
可靠性	单元并联，互为备份，故障单元不影响整机运行，整机故障率低，可靠性高	谐波治理效果比较好；但是两种设备同时采用，会发生效果冲突，影响正常运行
安装空间	功率密度高，体积小	无功补偿装置采用的电力电容与滤波电抗尺寸大，安装空间大
使用寿命	采用进口的电力电子元器件 IGBT，无易损件，其使用寿命大于20年	采用电力电容容量会随使用时间而衰减，使用寿命为3～5年
整机造价	最优化的方案，造价与效果合理	方案存在缺陷，造价与效果不合理

8.1.3　电能质量综合优化装置的技术特点及应用

简单地说，MEC 电能质量综合优化装置的基本原理就是将自换相桥式电路通过电抗器并联在电网上，适当调节桥式电路交流侧输出电压的相位和幅值，或者直接控制其交流侧电流，就可以使该电路吸收或者发出满足要求的、电流，实现优化电能质量的目的，其结构图见图 8-4 所示。

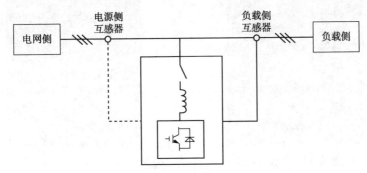

图 8-4　MEC 电气结构图

系统通过检测电网电流超前或滞后电压的状态来判断电网处于感性或容性，发出与电网同频率并相反的无功电流与之抵消。即当电网处于感性时，发出容性无功，当电网处于容性时，发出感性无功，从而达到补偿无功的目的。

系统通过检测电网电流中整体谐波电流，发出一个与该谐波电流大小相同、方向相反的电流与之抵消，从而达到滤除谐波的目的。

MEC 电能质量综合优化装置是基于电压源型变流器的补偿装置，实现了无功补偿方式质的飞跃。它不再采用大容量的电容、电感器件，而是通过大功率电力电子器件的高频开关实现无功能量的变换。电能质量综合优化装置较传统的电能质量综合优化装置有如下功能及特点：

（1）提高线路输电稳定性；

（2）维持受电端电压，加强系统电压稳定性；

（3）补偿系统无功功率，提高功率因数；

（4）谐波动态补偿，改善电能质量；

（5）抑制电压波动和闪变；

（6）抑制三相不平衡；

（7）响应速度更快≤3mS；

（8）补偿功能多样化，可进行无功补偿、谐波补偿、恒定无功、综合补偿；

（9）其占地面积小，现场施工量小。

MEC 大负载正常运转时投入前后电能质量状况对比见图 8-5～图 8-10 所示。

MEC 投入后，5 次、7 次、11 次、13 次电压电流谐波都有大幅度的降低。

电流畸变率从 22.1% 下降到 4.7%，功率因数 PF 值由 0.917 提高至 0.993。井队通过补偿后，在节约能源、降低噪声等方面效果显著。经过 MEC 投运前后的数据对比可知：MEC 动态响应快，功率因数稳定大于 0.97，且运行情况稳定，功率因数无突变，电压畸变率小于 5%，电流谐波值也低于国家标准。

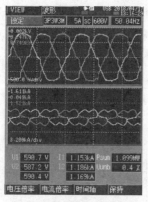
图 8-5 MEC 投入前电流电压波形

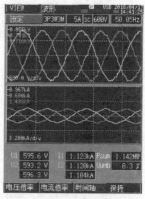
图 8-6 MEC 投入后电流电压波形

图 8-7 MEC 投入前电压电流谐波

图 8-8 MEC 投入后电压电流谐波

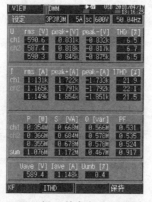
图 8-9 MEC 投入前各相电压电流及功率

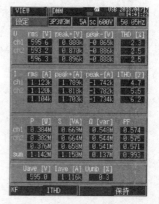
图 8-10 MEC 投入后各相电压电流及功率

8.1.4 应用前景

针对石油钻井设备产生的高次谐波电流含量大、功率因数低的现状，采用新型的谐波抑制、功率因数校正的电能质量综合优化装置，能够大幅提高功率因数，并有效地抑制谐波，节约电费开支，使井场电网谐波含量低于国家标准，有效提升钻井生产的安全性，能够避免电压波动和电压闪变给用电设备带来的危害，提高传动设备的工作效率，节约电能，是石油行业很有应用前景的电力系统综合补偿及滤波装置，代表电能质量领域的未来和技术发展方向，具有广阔的推广应用前景。

8.2 基于飞轮储能装置的电动钻机智能微电网技术

8.2.1 技术背景概述

传统柴油机机械驱动钻机存在损耗大、效率低且难以控制等问题。经过多年的技术进步与快速发展，目前多以柴油发电机组(一般为多台)作为钻机动力(钻机的供电电源)，绞车、转盘、泥浆泵等主要钻井设备采用电动机来驱动，这一类钻机称为电驱动钻机(简称电动钻机)。电动钻机的损耗大幅降低、效率大幅提高，控制起来也更加方便和容易。

在电动钻机中，多台柴油发电机组专门用于持续可靠地给钻机供电，它和钻机共同组成了一个独立的、典型的、自给自足的微电网系统。柴油发电机组产生的电能经过电力电子装置后连接到公共直流母线上，绞车等主要钻井机械的电驱动系统也连接到公共直流母线上(如图 8-11 所示)。

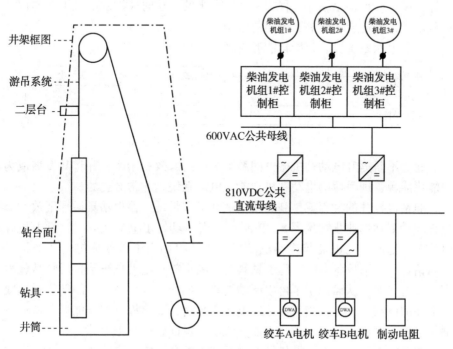

图 8-11 石油钻机配电图

即使是电动钻机，这种由多台柴油发电机组组成的微电网系统的供电方式仍然存在以下问题：

（1）变频电动钻机在下钻（下放钻具）作业过程中产生的再生制动能量（钻具的势能转化为动能，动能再转化为电能）并没有被有效地回收和利用（常规的钻机微电网并不具备该能力），而是通过外接制动系统（制动单元+制动电阻）将电能变换成热能消耗掉（使下放的钻具快速制动，并保证微电网系统直流母线电压始终维持在正常范围内，不至于因为直流母线过电压而影响钻机的正常运行），造成了能量的浪费。

（2）在钻进（打钻）作业过程中，钻机的负荷随着地质环境的变化而波动，属于比较典型的突变型、冲击性负载，这种负荷波动引起的功率突变会使得微电网系统的直流母线电压上下波动，有可能破坏微电网的稳定性，从而对石油钻机微电网造成恶劣的影响；同时当冲击负荷接入系统时，产生的感应电势会反作用在柴油发电机组上，因此对发电机组产生较大的暂态扭矩冲击，从而降低了发电机组的寿命。

（3）在钻进作业过程中，为适应因地质环条件变化而带来的冲击性负荷，钻机柴油发电机组的动力容量配置往往高于正常的钻井负荷需求，使得柴油发电机组无法运行在最佳工作区间，机组运行效率比较低（综合约为30%），造成了柴油和电能的浪费。

（4）在钻进、起钻（起升钻具）、下钻作业过程中（图8-12），需要不断地接、卸钻杆，该过程在整个钻井过程中是必不可少的，这时柴油发电机组基本都工作在空载模式，也造成了柴油和电能的浪费。

（5）微电网系统没有智能化能源管理手段。

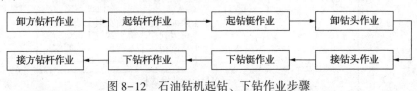

图8-12　石油钻机起钻、下钻作业步骤

因此，不断提升电动钻机微电网系统电能的有效利用率，并将其发展成为具有智能化能源管理手段的电动钻机智能微电网系统是非常必要的。

石油钻机打井的过程就是利用绞车电动机来带动一根根钻具循环下放和上提的过程起、下钻作业步骤见图8-12所示。当钻具处于上提状态时，发电机处于发电状态，把产生的电能传递给电动机，电动机则把电能变成势能从而提升钻具；当钻具处于下放状态时，随着钻具的不断下放，电动机被倒拉反转从耗电状态变为发电状态，从而产生了再生制动能量。如何把这部分再生制动能量回收到系统中并加以利用，并且当直流母线电压不足时，能够提供部分能量，从而保证石油钻机微电网稳定运行，就是石油钻机的能量回收（储能）技术。

已有研究表明，在石油钻机微电网系统上配备一定容量的储能系统，不仅能把下钻作业过程中产生的发电能量储存起来加以利用，从而减少环境污染并节约能源，还可以改善柴油发电机的出力情况，并进一步稳定微电网直流母线电压；同时还可以减少由于地质环境变化引起的对柴油发电机组的影响，使其能够平稳运行在最佳工作区间，且能根据负荷的实际变化情况来确定并联运行台数，从而降低石油钻机运行成本。

利用储能系统将钻机多余的能量(空载、低效运行时浪费的电能以及钻具下放时产生的再生电能)储存下来，当负载突增造成直流母线电压下降时，储能系统可以补充这部分功率缺额。因此，把下钻作业过程中产生的再生制动能量收集起来并使之能重复利用具有非常大的工业实用价值。

8.2.2 全球储能技术发展现状与趋势

8.2.2.1 储能的概念和及其应用领域

储能技术是一种通过装置或物理介质先将能量储存起来以便以后需要时再利用的技术。

近十几年来，随着能源转型的持续推进，作为推动可再生能源从替代能源走向主体能源的关键，储能技术受到了业界的高度关注。2019 年，全球储能增速放缓，呈理性回落态势，为储能未来发展留下了调整空间。储能产业在技术路线选择、商业应用与推广、产业格局等方面仍存在很多不确定性。

储能涉及领域非常广泛，作为未来推动新能源产业发展的前瞻性技术，储能产业在新能源并网、电动汽车、智能电网、微电网、分布式能源系统、家庭储能系统、无电地区供电工程以及未来能源安全方面都将发挥巨大作用，具体可见表8-2 所示。

表 8-2 储能技术的应用领域

设备类型	用户类型	功率	能量等级
便携式设备	电子设备、电动工具	$1 \sim 100W$	$1 \sim 2W \cdot h$
运输工具	汽车	$25 \sim 100kW$	$100kW \cdot h$
	火车、轻轨列车	$100 \sim 500kW$	$500kW \cdot h$
静止设备	家庭	$1kW$	$5kW \cdot h$
	小型工业和商业设施	$10 \sim 100kW$	$25kW \cdot h$
	配电网		
	输电网	$10MW$	$10MW \cdot h$
	发电站	$10 \sim 100MW$	$10 \sim 100MW \cdot h$

8.2.2.2 储能的分类及其优缺点

现有的储能系统主要分为五类：机械储能、电气储能、电化学储能、热储能和化学储能。

（1）机械储能

机械储能主要包括抽水蓄能、压缩空气储能和飞轮储能等。

抽水蓄能：将电网低谷时利用过剩电力作为液态能量媒体的水从地势低的水库抽到地势高的水库，电网峰荷时高地势水库中的水回流到下水库推动水轮机发电机发电，效率一般为75%左右，俗称进4出3，具有日调节能力，用于调峰和备用。

不足之处：选址困难，依赖地势；投资周期较大，损耗（包括抽蓄损耗+线路损耗）较高；现阶段也受国内电价政策的制约，以后可能会好些，但肯定不是储能的发展趋势。

压缩空气储能（CAES）：压缩空气蓄能是利用电力系统负荷低谷时的剩余电量，由电动机带动空气压缩机，将空气压入作为储气室的密闭大容量地下洞穴，当系统发电量不足时，将压缩空气经换热器与油或天然气混合燃烧，导入燃气轮机做功发电。国外研究较多，技术成熟，我国开始稍晚。压缩空气储能也有调峰功能，适合用于大规模风场，因为风能产生的机械功可以直接驱动压缩机旋转，减少了中间转换成电的环节，从而提高了效率。

不足之处：压缩空气储能的一大缺陷就是效率较低。原因在于空气受到压缩时温度会升高，空气释放膨胀的过程中温度会降低。在压缩空气过程中一部分能量以热能的形式散失，在膨胀之前又必须要重新加热。通常以天然气作为加热空气的热源，这就导致蓄能效率降低。另一不足就是需要大型储气装置、一定的地质条件和依赖燃烧化石燃料。

飞轮储能：是利用高速旋转的飞轮将能量以动能的形式储存起来。需要能量时，飞轮减速运行，将存储的能量释放出来。其中的单项技术国内基本都有了（但和国外差距在10年以上），难点在于根据不同的用途开发不同功能的新产品，因此飞轮储能电源是一种高技术产品但原始创新性并不足，使得其较难获得国家的科研经费支持。

不足之处：能量密度不够高、自放电率高，若停止充电，能量在几到几十个小时内就会自行耗尽。只适合于一些细分市场，比如高品质不间断电源等。

（2）电气储能

超级电容器储能：用活性炭多孔电极和电解质组成的双电层结构获得超大的电容量。与利用化学反应的蓄电池不同，超级电容器的充放电过程始终是物理过程，充电时间短、使用寿命长、温度特性好、节约能源和绿色环保。超级电容没有复杂的原理，就是电容充电，其余就是材料的问题，目前研究的方向是能否做到面积更小，电容更大。超级电容器的发展很快，目前以石墨烯材料为基础的新型超级电容器非常受欢迎。Tesla首席执行官Elon Musk早在2011年就表示，传统电动汽车的电池已经过时，未来以超级电容器为动力系统的新型汽车将取而代之。

不足之处：和电池相比，其能量密度导致同等重量下储能量相对较低，直接导致的就是续航能力差，依赖于新材料的诞生，比如石墨烯。

超导储能(SMES)：利用超导体的电阻为零特性制成的储存电能的装置。超导储能系统大致包括超导线圈、低温系统、功率调节系统和监控系统四大部分。超导材料技术开发是超导储能技术的重中之重。超导材料大致可分为低温超导材料、高温超导材料和室温超导材料。

不足之处：超导储能的成本很高(材料和低温制冷系统)，使得其应用受到很大限制。受可靠性和经济性的制约，超导储能距离商业化应用还比较远。

（3）电化学储能

电化学储能物质主要包括铅酸电池、镍镉电池、镍氢电池、锂离子电池、钠硫电池、液流电池等。电池储能都存在或多或少的环保问题。

铅酸电池：是一种电极主要由铅及其氧化物制成，电解液是硫酸溶液的蓄电池。目前在世界上应用广泛，循环寿命可达 1000 次左右，效率能达到 80% ~ 90%，性价比高，常用于电力系统的事故电源或备用电源。

不足之处：在深度、快速大功率放电时，可用容量会下降。其特点是能量密度低，寿命短。通过将具有超级活性的碳材料添加到铅酸电池的负极板上，铅酸电池的循环寿命将会提高很多。

锂离子电池：是一类由锂金属或锂合金为负极材料、使用非水电解质溶液的电池。主要应用于便携式的移动设备中，其效率可达 95% 以上，放电时间可达数小时，循环次数可达 5000 次或更多，响应快速，是电池中能量最高的实用性电池，目前来说用得最多，近年来技术也在不断进行升级，正负极材料也有多种应用。

市场上主流的动力锂电池分为三大类：钴酸锂电池、锰酸锂电池和磷酸铁锂电池。前者能量密度高，但是安全性稍差，后者相反，国内电动汽车比如比亚迪，目前大多采用磷酸铁锂电池。

锂硫电池也很受欢迎，是以硫元素作为正极、金属锂作为负极的一种电池，其理论比能量密度可达 2600Wh/kg，实际能量密度可达 450Wh/kg。但如何大幅提高该电池的充放电循环寿命及使用安全性也是很大的问题。

不足之处：价格高(4 元/Wh)、过充会导致发热、燃烧等安全性问题，需要进行充电保护。

钠硫电池：是一种以金属钠为负极、硫为正极、陶瓷管为电解质隔膜的二次电池。循环周期可达到 4500 次，放电时间 6~7h，周期往返效率 75%，能量密度高，响应时间快。目前在日本、德国、法国、美国等地已建有 200 多处此类储能电站，主要用于负荷调平、移峰和改善电能质量。

不足之处：因为使用液态钠，高温下运行容易燃烧。而且万一电网没电了，还需要柴油发电机帮助维持高温，或者帮助满足电池降温的条件。

液流电池：利用正负极电解液分开、各自循环的一种高性能蓄电池。电池的功率和能量是不相关的，储存的能量取决于储存罐的大小，因而可以储存长达数小时至数天的能量，容量可达 MW 级。液流电池有多个体系，如铁铬体系、锌溴体系、多硫化钠溴体系以及全钒体系，其中钒电池应用最多。

不足之处：液流电池体积太大、对环境温度要求太高、价格昂贵（可能是短期现象）、系统复杂。

（4）热储能

热储能：热储能系统中，热能被储存在隔热容器的媒介中，需要的时候转化回电能，也可直接利用。热储能又分为显热储能和潜热储能。热储能储存的热量可以很大，所以可利用在可再生能源发电上。

不足之处：热储能需要各种高温化学热工质，应用场合比较受限。

（5）化学类储能

化学类储能：利用氢或合成天然气作为二次能源的载体，利用多余的电制氢，可以直接用氢作为能量的载体，也可以将其与二氧化碳反应成为合成天然气（甲烷），氢或者合成天然气除了可用于发电外，还有其他利用方式如交通等。德国热衷于推动此技术，并有示范项目投入运行。

不足之处：全周期效率较低，制氢效率仅40%，合成天然气的效率不到35%。

针对电储能的储能技术又可以分为功率型和能量型两种。功率型的特点是功率密度大、充放电次数多、响应速度快、能量密度小，例如飞轮、超级电容、超导等；能量型的特点是能量密度大、充放电次数少、响应时间长、功率密度低，例如蓄电池。

8.2.2.3　全球储能技术发展现状及趋势

在机械储能方面，抽水蓄能是目前最为成熟、占比最高的储能技术，其总装机容量规模达到了 127GW，占总储能容量的 99%。在新型压缩空气储能方面，目前总装机容量为 440MW，且只有美国、英国等个别机构具备兆瓦级的生产设计能力。抽水蓄能和压缩空气储能对环境、地理条件都有较高的要求，因此推广应用受到限制。中科院工程热物理研究所经过十多年的研究攻关，已突破 1～10MW 新型压缩空气储能各项关键技术，10MW 储能示范系统效率达 60.2%，是全球目前效率最高的压缩空气储能系统。中科院工程热物理研究所正在研发100MW 级技术，预计额定效率将达到 70% 左右。飞轮储能属于功率型储能，主要应用在 UPS 中。

在电气储能方面，超级电容器充放电速度快，适合于需要提供短时较大脉冲功率的场合。美国、日本、俄罗斯等产品几乎占据了整个超级电容器市场。国内超级电容研发起步晚，达到市场化水平的企业仅有 10 多家，其中上海奥威公司技术领先，已达到了国际同类先进产品的水平。目前，能量密度低、成本高、电池寿命短和安全问题是超级电容器面临的主要挑战。

在化学储能方面，铅酸电池技术成型早、材料成本低，是目前发展最为成熟的一种化学电池，我国是铅酸电池的第一大生产国和使用国。铅碳电池是铅酸电池的演进技术，提升了电池的功率密度，延长了循环寿命，是铅酸电池发展的主流方向。锂电池已成为全球最具竞争力的化学储能技术，极具发展前景。钠离子电池是前沿技术的研究热点，也将是未来储能技术发展的重要选择之一。液流电池的发展较为平稳，主要应用于大规模可再生能源并网领域，用于削峰填谷保证电网稳定。钠硫电池最近 20 年发展迅猛，目前总容量规模为 316MW·h。日本NGK 公司是国际上唯一实现钠硫电池产业化的机构。

储热技术包括显热储热、潜热储热、热化学储热。目前，潜热储热是研究热点，热化学储热在前沿技术方面发展得最快。

氢储能技术是解决大规模风电储存的一种新途径，有望解决弃风问题，提高能源利用率，适于商业应用的有高压气态储氢技术、低温液态储氢技术、金属氢化物储氢技术。储能技术发展及成熟度见图 8-13 所示。

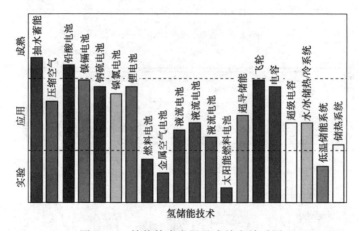

图 8-13 储能技术发展及成熟度关系图

美国为支持储能发展，从 2009 年开始出台一系列产业规划和财税政策支持研发及示范应用。日本也投入大量资金支持核心设备开发、示范项目建设及商业化运作。欧盟、加拿大、韩国等国家也分别出台相应政策激励储能行业发展。近年来，我国在储能项目规划、政策支持和产能布局等方面也加快了步伐，国内储能行业正蓄势待发。

8.2.3 基于飞轮储能技术的电动钻机智能微电网系统

基于飞轮储能装置的电动钻机智能微电网系统是西安宝美电气工业有限公司和中国石油集团西部钻探过程有限公司联合研制并成功应用的一款石油钻机用节能、降耗、减排产品。

该系统通过平抑发电机组的功率突变，减少钻机微电网热备容量，使用能源智能管理系统(EMS)实现发电机组的最优控制,提升在网发电机组燃油(气)效率,实现钻具下放势能回收和利用,提高电能质量和钻机微电网运行的可靠性、经济性,全面适用于由燃油(气)发电机组组成电站的全系列交、直流电驱动钻机。

下面从总体技术方案、技术特点、系统主要组成部件、油田工业性试验效果及经济、环保、社会效益等五个方面,对基于飞轮储能装置的电动钻机智能微电网系统做较为全面的介绍。

8.2.3.1 总体技术方案

(1) 技术原理

电动钻机智能微电网系统是由燃油(气)发电机组、钻机电控系统、飞轮储能装置和能源管理系统(EMS)构成的新型微电网系统(见图8-14~图8-16所示),通过对钻机全部载荷实时监控,由飞轮储能装置对能量进行调控,遇载荷突变时释放能量,调节平顺机组运行状态,实现钻机智能微电网系统能源有效、合理地调度和管理。

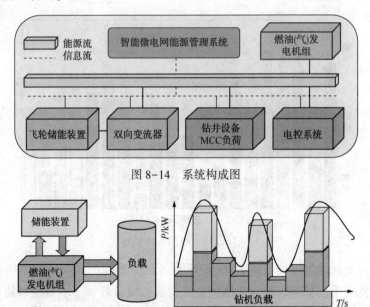

图8-14　系统构成图

图8-15　能量流动图

(2) 电动钻机接入方式

接入600VAC方案,适用范围:直流钻机。

基于飞轮储能装置的电动钻机智能微电网系统与原钻机动力电站600VAC动力接口进行连接,通过微电网能源管理系统对钻机全部载荷实时监控,当燃油(气)发电机组在低功段运行时,飞轮储能装置储能;当钻机载荷突增时,飞轮储能装置快速释放能量,通过双向变流器将能量输出到600VAC母排,与发电机共同供电,平抑发电机组的功率突变,系统结构框图见图8-17所示。

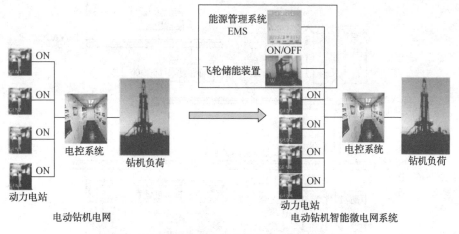

图 8-16　电动钻机电网与智能微电网的对比图

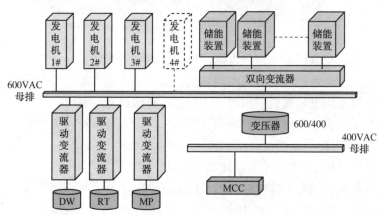

图 8-17　系统结构框图

接入 810VDC 方案，适用范围：交流钻机。

基于飞轮储能装置的电动钻机智能微电网系统与原钻机 810VDC 动力接口进行连接，通过微电网能源管理系统对钻机全部载荷实时监控。当燃油(气)发电机组在低功运行或游车下放制动时，飞轮储能装置从 810VDC 母排吸收能量，进行储能。当钻机载荷突增时，飞轮储能装置释放能量至 810VDC 母排，与发电机共同供电，平抑发电机组的功率突变，系统结构框图见图 8-18 所示。

8.2.3.2　技术特点

（1）基于飞轮储能装置的电动钻机智能微电网系统，对钻机全部负载进行能量配置管理，可以提高能源利用率。

（2）大功率高速真空磁悬浮飞轮储能装置能量密度高、输出特性硬、能量转换效率高，可以保证发电机组平稳运行、降低燃料消耗、减少废气排放。

（3）飞轮储能装置替代备用发电机组，可以改善电能质量，提高动力系统安全性、可靠性，提升钻井作业效率。

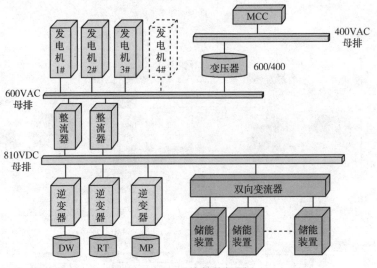

图 8-18　系统结构框图

（4）双燃料发电机组、燃气发电机组的动力电站在钻机行业应用成为现实。

（5）适用于全系列交、直流电动钻机，与原钻机动力电站可实现快速并网。

（6）交流变频电动钻机应用时，实现下放势能回收、利用。

（7）系统安装、操作简单，采用飞轮机械储能，寿命长、免维护、无污染。

8.2.3.3　系统主要组成部件

（1）钻机专用 FW2503A 型高速真空磁悬浮储能飞轮

飞轮储能是利用旋转体旋转时的动能来存储能量，为物理储能方式，高速真空磁悬浮储能飞轮结构见图 8-19 所示。旋转体为共轴的高速转子和双向电机转子。双向电机在电动机运行状态下，将输入电能转化为动能存储；双向电机在发电机运行状态下，将动能转化为电能输出。磁悬浮储能飞轮高速转子在真空腔体内旋转，无空气阻力，可减少运行中的能量损耗、提高飞轮的能量存储效率。

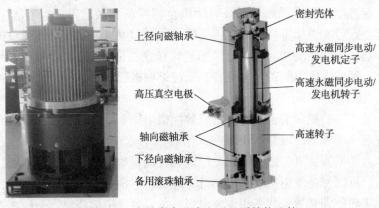

图 8-19　大功率高速真空磁悬浮储能飞轮

（2）磁悬浮控制系统

储能飞轮采用"五自由度"磁悬浮控制技术，控制部件主要包括储能飞轮监视系统、磁悬浮控制系统、真空系统和紧急刹车制动系统，见图8-20所示。

图8-20　磁悬浮控制系统示意图

（3）变流器系统

变流器系统与电动钻机动力系统的供电有交流和直流两种接入方式，适用于可回收/不可回收势能的电动钻机。主要包括电网侧变流器（ISU整流单元）、电机侧变流器（INU逆变单元）和直流连接柜（OT开关柜）。

（4）智能微电网能源管理系统（EMS）

智能微电网能源管理系统主要包括信号采集系统和微电网能源控制系统（见图8-21所示），实时采集钻机各负载变化数据，根据负载需求变化，采用合理算法和控制策略调节飞轮储能装置充、放电，根据负载变化管理能源。

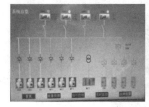

图8-21　智能微电网能源管理系统

智能微电网控制系统采用基于绞车功率追踪差值补偿算法，调节飞轮储能装置的充、放电运行模式以平滑钻机电网功率的波动。

（5）飞轮储能装置

将储能飞轮、磁悬浮控制系统、变流控制系统、信号采集系统、微电网控制系统及冷却系统、变压器、刹车系统等分仓布置集成在一座房体内，适合于油田整体吊装和托运，见图8-22所示。

8.2.3.4　油田工业性试验效果

（1）系统功能得到验证

① 系统设计满足7000m电动钻机使用和运输要求，且安装操作方便。

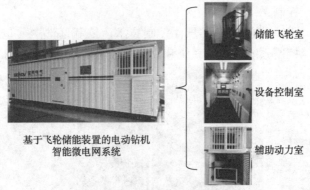

储能飞轮室

设备控制室

辅助动力室

基于飞轮储能装置的电动钻机
智能微电网系统

图 8-22　成套飞轮储能装置

② 微电网系统运行平稳可靠。

③ 适用于系列交、直流电动钻机。可与卡特 3512B 燃油发电机组、燃气发电机组和济柴 175 型燃油发电机组配套使用。

④ 系统保护功能完整，储能装置的任何故障对原钻机电控系统均不产生影响。

⑤ 实现了电动变频钻机钻具下放势能回收、利用。

（2）电动钻机动力电站电能质量改善效果明显，节能效果显著。

起钻工况下，3228~2215m 测试井段（总共起升 34 柱钻具）平均耗油量下降 36.0%、耗电量下降 32.3%；下钻工况下，2220~3203m 测试井段（总共下放 34 柱钻具）平均耗油量下降 39.7%、耗电量下降 43.4%

（3）燃油机组"冒黑烟"状态得到明显改善，投入飞轮后燃油机组排放情况对比见图 8-23 所示。

(a)　　　　　　　　　　(b)

图 8-23　(a)飞轮未投入和(b)飞轮投入后燃油排放对比图

（4）燃油机组碳排放得到改善，热损失减少。

起钻测试井段 3228~2215m，一氧化碳排放环比减少 35.3%，机组排烟热损失减少 3.84%；下钻测试井段 2220~3203m，一氧化碳排放环比减少 15.78%，机组排烟热损失减少 7.13%。

目前国内在用陆地电动钻机 800 多台及海洋平台 70 台，且每年新增钻机约 50 台，对新配套电动钻机以及现存电动钻机配置基于飞轮储能技术的电动钻机智能微电网系统，可带来明显的经济效益和良好的社会效益，设计理念可广泛应用于所有具备载荷突变工况的设备，如矿山作业等场合，市场应用前景广阔。

8.3 钻机直驱控制技术

8.3.1 技术概述

20 世纪中期，石油钻机由机械驱动向电驱动发展，并由直流电动钻机、交流异步电动钻机发展到目前的交流变频电动钻机。

随着变频控制技术、变频电机技术和自动化控制技术的发展，尤其是直驱技术在其他领域的广泛应用，充分利用控制系统特性和电机性能、简化传动型式、提高作业效率、降低运行维护成本成为钻井装备新的技术发展方向。

根据国家加大勘探开发力度的需要，钻井技术向水平段长、精准导向、极限钻井方向发展，提出了钻井周期短、成本压力大、专业技能要求高等新的要求，通过研究国内外各类型钻机的结构和性能指标，开发具有传动型式简单、运行维护成本低、钻井作业效率高、现场人员技能要求低、设备可靠性高的变频直驱设备成为新的技术发展方向。截至今日，变频直驱技术在钻井装备领域已经得到了推广和应用，并具有了一定规模。

直接驱动就是在驱动系统控制下，将直驱电机直接连接到负载上，实现对负载的直接驱动。由于直驱电机避免了传动带等传动设备，而这些传动部件恰恰是系统中故障率较高的部件，所以从技术上讲直驱控制系统具有更低的故障率。使用传动装置(如减速齿轮、带轮等)的机械系统，通常结构复杂笨重、体积庞大，而且带来系统运行成本高、噪声强及传动效率低等多方面的问题。直驱电动机(见图 8-24 所示)的诞生使得驱动装置变得更紧凑，重量更轻，控制起来也更容易。直接驱动系统拥有高精度、高可靠性的特点，最重要的是基本不需要维护。没有皮带或齿轮箱等机械动力传动部件，只需要电机和螺栓即可安装，使得机械制造商的设备制造更加容易，也使得终端用户的应用集成更加简单。

目前石油电动钻机中的绞车、转盘和泥浆泵均采用高速电机加减速箱的驱动方式工作，这种驱动方式结构复杂、传动效率低。为实现自动送钻功能，还需额外增加一台送钻电机及减速箱，这无疑增加了购置成本，且自动送钻的调速范围窄、送钻精度低。近年来，交流变频直驱技术应用于石油电动钻机，其具有传动链构成简单、传动效率高、尺寸小、重量轻等优点。因此，交流变频直驱技术将成为石油电动钻机的发展趋势。

图 8-24 直驱钻井设备

8.3.2 钻井装备领域变频直驱技术现状

8.3.2.1 直驱顶驱技术现状

顶驱装置自 1982 年问世以来，经过 30 多年不断改进和发展，已在海洋和陆地多种钻井装备上得到了推广和应用。直驱顶驱是由电机直接驱动顶驱主轴钻进，无减速箱装置、齿轮润滑及冷却过滤系统。直驱顶驱具有整体结构简单、模块化程度高、尺寸小、重量轻、传动效率高、可靠性高、维修方便、过载能力强、适应范围宽等优点。

2009 年 3 月，辽河天意完成国内首台 DQ-30LHTY-Z 直驱顶驱的样机装配和各项调试试验工作。继天意直驱顶驱后，四川宏华成功研制生产了 DQ 150-750 系列直驱顶驱(见图 8-25 所示)，从 2014 年第一台在俄罗斯投入使用以来，已生产直驱顶驱 200 多台。2016 年，宝石机械生产的 DQ 30DBZ 直驱顶驱(见图 8-26 所示)开始在大庆油田现场使用。

图 8-25 宏华直驱顶驱　　　　　　　　图 8-26 宝石直驱顶驱

8.3.2.2 直驱绞车技术现状

交流变频绞车是国外 20 世纪 90 年代所发展起来的一种先进的电驱动绞车。90 年代后期，国内交流变频绞车借石油钻采装备的更新之潮，取得较快发展。

交流变频绞车相比于直流电动绞车，具有体积小、重量轻、故障少、维护方便、宽频无级调速等优点，尤其是能够以极低的速度恒扭矩输出，易实现自动送钻，对提高钻井时效、优化钻井工艺、处理井下事故等十分有利，使之成为当今最受青睐的绞车。为进一步简化绞车结构、提高传动效率、方便移运，直驱绞车成为必然趋势。

直驱绞车控制系统是通过对传统交、直流电动钻机绞车的结构、控制方式、起下钻效率及使用中常见问题进行调研、汇总和分析后而设计的一款有效提高钻机作业安全性、起下钻作业效率和设备可靠性的电驱动绞车。

2011年，1500m 直驱绞车在大庆钻探开始使用，已累计应用20台，该绞车取消了原绞车的齿轮传动箱，采用1台320kW交流变频异步电机直接驱动绞车滚筒，传动效率比常规绞车提高10%左右。四川宏华研制的5000m 直驱绞车(见图8-27所示)，2018年3月开始现场作业。宝石机械西安宝美电气研制的5000m、7000m、9000m 直驱绞车见图8-28所示，2019年陆续开始在油田进行钻井作业。西安宝美电气研制的直驱绞车是一种交流变频电机直接驱动的单轴绞车，主要由交流变频电机、液压盘刹、滚筒轴、绞车底座、气路系统等部件组成。绞车由2台大扭矩交流变频电机直接驱动。绞车主刹车为液压盘式刹车，配双刹车盘。辅助刹车为主电机能耗制动。绞车的所有部件均安装在一个底座上，构成一个独立的运输单元。

图8-27　宏华 JC50DBZ 直驱绞车　　　　图8-28　宝石 JC70DBZ 直驱绞车

分别对多套常规绞车和直驱绞车的噪声进行现场监测，监测结果表明，直驱绞车比常规绞车噪声降低5~10dB(A)，见图8-29所示。

刹车性能对比：绞车悬停(0速)状态和滚筒运转的情况下，分别操作驻车、盘刹紧急制动、绞车停止旋钮，通过数据监测来判断刹车响应时间。(注：从发出指令到额定压力95%时的响应时间为测试数据)。

① 绞车0速时，使绞车保持悬停状态，通过操作驻车旋钮开关，检测传感器响应时间，结果对比见图8-30、图8-31所示。

② 绞车0速时，使绞车保持悬停状态，此时直接按下盘刹紧急制动按钮，测试刹车响应时间，结果见图8-32、图8-33所示。

图 8-29　噪声检测结果对比

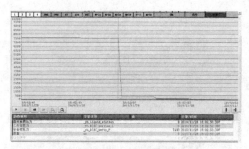

图 8-30　常规绞车测试结果

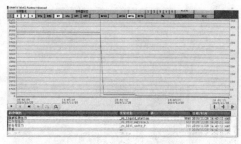

图 8-31　直驱绞车测试结果

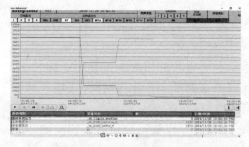

图 8-32　常规绞车测试结果

图 8-33　直驱绞车测试结果

③ 绞车 0 速时，使绞车保持悬停状态，此时直接将绞车启停开关打到停止位，测试刹车响应时间，结果见图 8-34、图 8-35 所示。

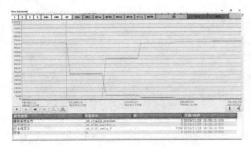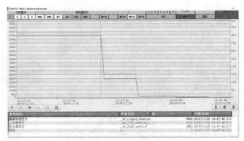

图 8-34　常规绞车测试结果　　　　　　图 8-35　直驱绞车测试结果

具体数值结果对比见表 8-3 所示。

表 8-3　刹车时间数据表

项　目	驻车制动时间	紧急制动时间	防碰制动(阀岛制动)时间
常规变频绞车	1.202s	1.1s	2.099s
直驱绞车	1.101s	1.0s	1.100s
对比结果	缩短 0.101s	缩短 0.1s	缩短 0.999s

测试结论：通过常规绞车和直驱绞车刹车响应时间的对比可知，直驱绞车的刹车响应时间明显优于常规绞车。

经过长期现场使用，用户普遍认为直驱绞车整体性能稳定，集成化程度高、结构简单、维护保养简单，满足油田钻井作业各种工况的要求。

8.3.2.3　直驱泥浆泵技术现状

目前，钻机的电动泥浆泵组大都采用电机+皮带或链条传动的方式，存在泵组质量和体积大、不利于搬运、传动链长、传动效率较低、功率损耗大、传动环节有易损件、维护成本高、电机规格多、备件管理困难等问题。国内主要钻井设备制造商均开展了泥浆泵直驱技术的研究。目前，市场上成功应用的直驱泥浆泵产品有：

四川宏华自主研发了单电机直驱的 HH-1600 直驱泥浆泵见图 8-36 所示。

2015 年 3 月，WF-2000HL 直驱泥浆泵开始在川庆钻探威 204-H9-1/2/3 平台井位进行作业，该直驱泵采用两台 850kW 直驱电机，左右布置。截至目前已可靠运行近 7 年时间。

宝石机械西安宝美电气工业有限公司研制的系列直驱泥浆泵电机(见图 8-37 所示)已配套泵组近 300 台，从 2017 年 6 月开始陆续在现场使用，应用情况良好。

西安宝美电气工业有限公司研制的直驱泥浆泵相对于常规泥浆泵而言，取消了皮带传动，采用低速大扭矩盘式电机直接驱动泥浆泵，电机定子安装在泥浆泵壳体上，电机固定与传动方案采用悬挂式安装结构型式；另外，直驱泥浆泵控制采用专用变频控制系统实现泥浆泵直驱电机的全数字化通讯和精确控制，实现泥浆泵泵冲无级调节，并具备多泵组并机"软泵"控制功能以及完善的保护功能。

图 8-36　宏华直驱泥浆泵　　　　　　图 8-37　宝石直驱泥浆泵

分别对多套常规泵和直驱泵的噪声进行现场监测，监测结果（见图 8-38 所示）表明，直驱泥浆泵比常规泥浆泵噪声降低 5-8dB（A）。

图 8-38　噪声检测结果对比

直驱泥浆泵电机及其控制系统可靠性高、结构简单、传动效率高、维护保养少、尺寸小、质量轻、标准化程度高，满足油田钻井作业各种工况的要求，而且经济和社会效益明显，代表电动泥浆泵的先进水平。

8.3.2.4　直驱转盘技术现状

转盘直驱技术结构简单，应用较广泛，国内各个配套厂家均有研制，由于目前应用顶驱作业较多，直驱转盘作业应用较少。近年来，西安宝美电气工业有限公司研制了 5000~9000m 钻机配套的 ZP375/ZP375Z 直驱转盘（见图 8-39 所示），均采用 1 台 600kW 交流变频异步电机通过万向轴直接驱动，标准化程度高，应用可靠。

图 8-39　宝石直驱转盘

8.3.3　变频直驱技术特点

（1）直驱顶驱无齿轮减速箱和传动环节，顶驱扭矩检测和速度给定更快速。

（2）直驱顶驱重心位于主轴中心上，不偏重，避免了偏心造成的应力集中影响，有效延长了接头的使用寿命，同时兼具旋转定位、软扭矩等新功能，提高了钻井时效。

（3）直驱绞车取消了传统绞车的齿轮减速箱、自动送钻系统及机油润滑系统，对绞车底座、绞车护罩、盘刹液压站和电机等均进行了轻量化设计。

（4）直驱绞车根据钩载、钩速动态调节加减速时间，实现 6~10s 智能调整，达到了快速、高效、稳定、安全的控制效果，提高了绞车起下钻作业效率，提升了钻井效率。

（5）直驱绞车集成盘刹系统、液压站及控制系统与绞车一体设计，缩短刹车气路和液路管线长度，刹车响应时间短，提高了系统安全性。

（6）直驱绞车采用主电机自动送钻，送钻速度快，可在一开或较好地质层时通过自动送钻进行作业，提高深井作业质量。在恒钻压和恒钻速两种模式上，增加恒泵压和恒扭矩两种送钻模式，并通过"一主三从"控制技术实现复合送钻。

（7）直驱绞车尺寸小、质量轻，可放置在钻台面，方便钻机整体布局。直驱顶驱外形尺寸小，对井架开裆尺寸要求低，方便进行井架设计。直驱泥浆泵组长度尺寸缩短近 2m，钻机整体布局时可缩短井场占地面积。搬家时节约现场拆装工作，减少设备运输车次，减少吊车占用时间。

（8）直驱绞车集成了盘刹系统、控制系统、检测系统，绞车相关部件及功能都集成在绞车上，模块化程度更高。

（9）直驱泵组取消了常规电动泵组的皮带传动系统或链条传动系统，并对电机进行了轻量化设计，电机直接安装在泥浆泵壳体上。直驱泵组长度尺寸比常规泵组缩短 2m，重量减轻 5~7t。

（10）在钻井过程中，直驱泵组泵冲波动更小（<0.1spm），排量和钻压更稳

定，更适合于螺杆钻进或水平定向钻进作业。

（11）和传统的非直驱设备相比，直驱绞车传动效率提高 6.3%，直驱泵传动效率提高 5.2%，直驱顶驱传动效率提高 6%，直驱转盘传动效率提高 4%。直驱绞车采用智能速度环控制算法，提升下放时间缩短 12.3%。

（12）通过设备信息化管理系统对采集的信息进行数据分析，及时做出故障分析、预警、诊断，方便现场人员进行维护和故障排除，实现实时监控，提高设备管理水平。

（13）直驱设备噪声低。据作业现场实际测量噪声水平，直驱绞车较常规绞车降低 5~10dB（A），直驱泵较常规泵降低 3~5dB（A）。

8.3.4　直驱技术在石油行业的应用前景

每年新增交流变频陆地钻机/海洋平台配套钻机约 40~50 台，国内在用机械钻机近千台。在陆地钻机/海洋平台钻机及机械钻机电动化改造项目中均可采用直驱设备系列及其控制系统，直驱产品年需求量将会大大增加，具有显著的经济效益和良好的社会效益，市场应用前景十分广阔。

8.4　变频一体化电动机

8.4.1　背景概述

石油钻采行业由于其特殊性，搬家比较频繁，行业对设备的需求是在满足功能的前提下占地越小越好。随着石油钻采行业的发展以及国家碳中和的要求，石油钻采机械化、自动化以及电气化程度越来越高。

目前，钻采装备中重要设备的驱动发展趋势是电动化和变频化，变频电机在石油钻采行业使用的场合越来越多。传统的变频电机和变频器为分体设计，空间占用大，电机和变频器之间需要使用较长的电缆和较多的插接件进行连接，长距离供电会存在分布电感和分布电容，产生有害的高次谐波，对电缆附近工作电器造成干扰，也会对变频电机造成一定影响，使其寿命降低。所以结合其他行业变频一体化电动机的发展及应用，研制适合于石油钻采行业的变频一体化电动机成为迫切需求。图 8-40 为目前石油钻井泥浆泵变频电机和变频器的布置，中间用电缆连接。

图 8-40　变频电机和变频器布置

8.4.2 变频一体化电动机技术简介

为了解决传统变频电机需要设置专门变频柜、占地大、连接变频器线缆过长导致干扰的问题，电机行业逐步在发展集变频器和变频电机于一体的电动机。对于石油钻采行业，发展此技术难点如下：

（1）石油钻采行业工作地点大部分位于野外，环境恶劣，安装空间有限。要求电机体积小、启动和过载性能高，并且需要防爆。需要解决电机的结构设计、防爆设计等难题；

（2）变频一体化电动机的强电部分和弱电部分集成设计在一个腔体，必须满足电磁兼容性的要求，解决好强弱电系统之间的电磁干扰以及外部振动也是一个很大的难题；

（3）由于电机和变频器都是发热器件，随着负载加大，发热会变严重，所以两者一体化设计必须解决散热问题，配置设计合理的冷却方式尤为重要；

（4）由于一体机体积小，装配和维护难度会变大。

目前市场上已经有变频一体化电动机产品，主要由变频电机、冷却系统、主电路、控制系统和通讯系统五部分组成，其中后三部分组成了变频单元。

图 8-41 为变频一体化电动机组成原理框图。下面对这五部分做简单介绍：

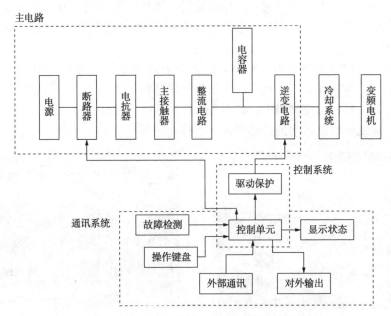

图 8-41　变频一体化电动机组成原理框图

第一部分：变频电动机。作为变频一体化电动机的核心部件，主要包括电机绕组、电机绝缘轴承、电机绝缘结构和电机壳体。由于空间的限制，每一部分都必须详细计算。

第二部分：冷却系统。为了减小电机和变频系统发热问题，必须设计合理的冷却系统。一般上大型变频一体化电动机冷却系统为水冷设计，小型变频一体电动机采用风冷设计。

第三部分：主电路。包含具有安全保护功能的快速熔断部分、给变频器供电的充电部分、整流部分、电流滤波部分和逆变单元五部分。

第四部分：控制系统。包含驱动单元和控制单元，可以实现变频一体化电动机的无级调速功能和软启动功能。

第五部分：通讯系统。此系统为变频一体化电动机的眼睛，具有监测监控功能，通过组网可以与其他设备联动。

8.4.3 变频一体化电动机技术现状及特点

变频一体化电动机按照体积大小，主要分为大型变频一体机和小型变频一体机。目前市场上小型变频一体化电动机已经批量投入使用，使用效果良好。大型变频一体化电动机通过设计和工业化试验阶段，已经进入采矿行业，处于实际使用阶段。在石油钻采行业，已经有大型一体化电动机样机制造完成，正在进行工业性试验。

大型变频一体电动机已经成功应用在采矿行业，该装备在设计之初，就结合各部分的特点与需求，相互制约、相互促进，实现了电动机、变频器和通讯监控装置的机电一体化设计。各部件布局合理，强电和弱电之间互不干扰，满足EMC 的要求。

此产品结构设计顶部为变频单元，下部为防爆电机，外形如图 8-42 所示。同时为了减小各器件发热导致零部件损坏问题，设计了水冷系统，位置在电机和变频器之间。水冷系统(如图 8-43 所示)将变频器的冷却管道连接到电机的冷却管道上，通过低温循环水的流动带走元器件的热量。

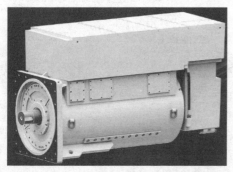

图 8-42 矿用大型变频一体化电动机

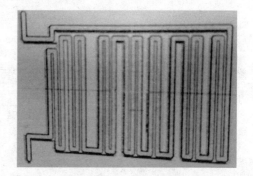

图 8-43 矿用大型变频
一体化电动机冷却系统

近年来，石油行业也在研发大型变频一体化电动机，并且钻井泵变频一体化电动机已经进入工业试验阶段。此方案是把冷却系统与钻井泵及钻井泵变频一体化电机全部固定于同一个泵撬上。结构紧凑，满足使用功能，方便运输和搬家。

小型变频一体化电动机由于器件体积小，发热量少，所以比大型一体化电动机发展更早，应用也更广，目前在轻工和家电行业应用广泛。比如啤酒灌装生产线和滚筒洗衣机。下面介绍小型变频一体化电动机在水泵行业的应用。

泵用小型变频一体化电动机(如图 8-44 所示)设计方案为：变频器设置在电机上部，变频器具有外壳体，壳体下部与电机接触部分设有多根散热片，相邻散热片之间形成风道，电机后端盖部分设有散热风扇，散热风扇吹风为变频器和电动机散热。变频器与电机采用一体化设计，外形更小，减少了分布电感和分布电容，节省了设备投资。具体泵用小型变频一体化电动机在泵组安装位置如图 8-45 所示。

图 8-44　泵用小型变频一体化电动机

图 8-45　小型变频一体化
电动泵安装位置示意图

变频一体化电动机的应用将会越来越广泛，其优点如下：

(1) 节约空间。电机与变频器一体化设计，不用像以前必须考虑变频器的安装空间和位置，只需确定一体机的安装位置和空间，便于安装调试；

(2) 简洁性。电子元件集成到了变频单元内部，减去了很多复杂的接线，只需要连接进线和出线就可以了，接线简洁方便；

(3) 节约投资。以前的变频单元必须设置专用的变频柜，变频一体化电动机无须单独设置柜体，节省了设备投资；

(4) 绝缘性能好。变频电机采用高分子绝缘材料和特殊绝缘结构以及真空压力浸漆制造工艺，使电气绕组的绝缘耐压有很大提高；

(5) 冷却效果好。变频一体化电动机设有专用的冷却散热系统，器件冷却效果好，装备寿命长；

(6) 电机性能高。变频电机经过特殊的磁场设计，进一步抑制高次谐波磁场，满足宽频、节能和低噪声的要求，无转矩脉动。

尽管变频一体化电动机的优势明显，但是也要正视其缺点，在选用之初就要加以考虑。其缺点主要由于各部件需要安装在比较小的空间内引起的，其结构紧凑，后期在使用过程中设备出现故障时检查维护较为困难。

8.4.4　技术发展前景及趋势

目前变频一体化电动机的发展在于更好地解决电机的结构设计、防爆设计、冷却问题以及电磁兼容性问题，通过工业性应用，不断改进和提高装备的实用性。在发展好技术的前提下，在各个行业广泛应用。

智能化、数字化和信息化是变频一体化电动机的发展趋势。未来的变频一体化电动机系统可包含变频一体化电动机本体、手持终端（手机）、操作面板和远程控制终端，见图8-46所示。其中本体上包含蓝牙模块、GPRS模块。电机控制器通过GPRS模块与远程控制终端实现无线远程监控，此功能可以与电机厂家售后维护系统通讯连接，实现远程设备维护和故障功能检测，可以建立售后维护信息网络化；电机控制器通过蓝牙模块与手持终端实现短距离无线监控，此功能可以使员工在一定距离内通过手机实时检测设备状态，不需要员工到现场就能实现设备巡检；通过操作面板实现现场调试功能；电机控制器内设有存储器，存储器中存储有一定时间段内的电机数据，后期可以追溯设备运行数据，便于后期故障排查。实现了这些功能，不仅可以减少污染达到环保要求，更能解放劳动力，减少费用支出和后期维护成本。

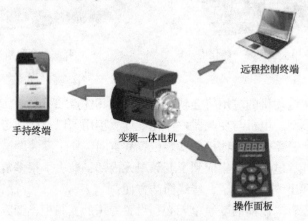

远程控制终端

手持终端　　　　变频一体电机

操作面板

图8-46　未来变频一体化电动机系统

8.5　智能司钻控制系统

8.5.1　概述

石油钻机是一个多工作机械联合作业、功能强大且复杂的大型成套设备，司钻控制房作为钻机控制系统的核心人机界面（HMI）部件，其性能的优劣将直接影响整套钻机的生产效率。司钻控制房在石油钻机的设计和制造中所占的位置不言而喻。

20世纪80年代后，液压盘式刹车、交流变频驱动、自动送钻装置和顶驱系统等几项重大技术变革推动了石油钻机走向现代化，同时也使得钻机的控制与操作更加复杂，进而对司钻控制房的整体功能和性能要求也日趋严格。

传统的司钻控制房内部，大部分都集成了电传动控制系统、盘刹控制系统、钻井仪表控制系统、气动控制系统、工业监视系统、自动送钻控制系统以及室内电气系统等，能实现钻机的操作控制和报警显示，完成钻井工艺功能，满足原来普通钻机的使用要求。

随着钻井装备的发展，钻机配置的自动化、智能化设备越来越丰富，国内外很多大型石油公司对钻机配置提出了更高的要求，必须配置全套的自动化设备才能进行钻井作业，因此需要对操作人员进行相应的实操培训，但是现有的司钻控制房空间有限，无法安装这些自动化控制设备，因此提出设计新的钻机专用司钻控制房，改变原设计思路，增大司钻控制房的空间，配齐上述所有功能，来满足操作要求。

8.5.2　技术简介

司钻控制房的设计和制造是一个非常复杂且烦琐的系统工程，其融机、电、液、气为一体，在设计过程中，既要实现司钻对钻机的整体监视和控制，又要考虑到有效的防爆、防护、防腐、防震、隔热、防冷、隔音等功能需求，既要满足钻井工程使用的便利要求，也要符合人体工程学的设计原理，是一个充分融合机械、电气、液压和气压控制等多项知识与技术于一体的综合性工程。

随着自动化、智能化等技术的不断成熟，司钻控制房在传统司钻的基础功能上增加了动力猫道、铁钻主、二层台管柱处理系统及顶驱等多个设备的控制，并且实时监测所有设备状态参数和钻井工艺参数。近年来，不管是海洋钻井平台还是陆地钻机，都对司钻控制系统提出了更高的要求。

常规司钻房（见图8-47所示）内各子系统分散，操作烦琐，操作台堆积，房内空间拥挤，司钻视野不佳。随着自动化技术的不断发展，将各子系统集成，采用一体化集成座椅，并通过多个触摸屏控制（见图8-48所示），改善了操作环境，提高了空间可利用率，简化了操作流程，完善了互锁机制，提高了操作舒适度。

随着钻井自动化程度的提高，在常规操作（绞车、转盘、泥浆泵）的基础上增加了管柱操作系统，采用触摸屏一键操作和多功能手柄辅助配合的控制模式，实现各子系统按工作流程逐步自动执行，并实时监测设备运行状态（见图8-49所示），通过诊断画面查找故障点，快速排除故障。

图 8-47　常规司钻房

图 8-48　一体化司钻房

铁钻工

猴合机械手

钻合机械手

顶驱

图 8-49　司钻台操作界面示意图

8.5.3　国外司钻控制系统在钻井装备领域现状及特点

挪威 HITEC ASA 公司于 20 世纪 90 年代提出钻机集成控制系统的概念，并联合其他公司首先研制出 Cyberbase 系统，与此同时，NOV 公司也提出 AMPHION 的设计理念，并将其应用于海洋钻井平台。美国 AXON 公司开发的司钻集成控制系统主要针对软件和硬件冗余设计，将系统的稳定性进行有效提升。美国 CAMERON 公司开发的司钻控制系统在集成设备控制的基础上，更加关注井下数据的采集和运算以及钻井工艺设置。美国 JELEC 公司和德国 BENTEC 公司的产品解决方案是将传统机械仪表数字化，主要针对单司钻模式的钻机控制系统。经过近 30 年的发展，几经改进，多个厂家根据各自特点形成了不同系列的产品。

8.5.3.1　NOV 公司的 Cyberbase 系统

Cyberbase 操作系统（简称 CB 系统）是 NOV 公司另一类型的司钻集成控制系统，其司钻座椅包括左右手柄、键盘以及与之动态连接的显示屏替代传统的模拟仪表、指示灯和开关。该系统于 1990 年由挪威的 HITEC ASA 公司为壳牌石油的海龙平台而开发，1993 年由挪威国家基金会出资支持 HITEC 等公司开发首个"集成钻井系统"，次年该公司发布站立式 Cyberbase 司钻操作台。截至目前该系统在全球的使用者已超过 4000，最新版本为 Cyberbase V14。在用 CB 系统主要有以下型式：

（1）CB3 型系统用于小空间司钻房，采用独立的座椅、PC 和显示器。

（2）CB4 型系统用于常规钻台面布置，司钻房位于钻台面，屏幕位于座椅前方，如图 8-50 所示。

（3）CB6 型系统用于高位司钻房，工作时俯视钻台面，前方和下方需要有开阔的视野，分离屏幕设计，见图 8-51 所示。

图 8-50　CB4 型系统　　　　　　　图 8-51　CB6 型系统

CB 系统由四部分组成（如图 8-51 所示），PLC 控制器用于钻机设备的控制，处理传感器反馈数据以及接收司钻的操作指令；数据库用于不同部件和设备 PLC 之间的数据交换；计算单元用于实时数据处理、计算、曲线拟合、PID 控制、防碰管理和安全风险预估，为用户安全稳定的操作设备提供后台报账；图形化人机界面用于钻机各设备的状态监视、实时数据显示和操作指令指示等。

8.5.3.2　AXON 公司的 RigScope 系统

RigScope 钻机控制和数据采集系统（RS 系统）是由美国 AXON 公司开发的司钻集成控制系统。RS 系统的主要部件包括集成双司钻座椅或离线控制台、集成管理系统、定制化开发 HMI 及冗余网络系统等。RS 系统能够控制绞车、二层台排管系统、铁钻工、顶驱、钻井泵、猫头、转盘、液压卡瓦、综合液压站以及钻机电控系统等，系统网络结构如图 8-52 所示。

8.5.3.3　CAMERON 公司的 OnTrack 系统

OnTrack 系统是美国 CAMERON 公司开发的司钻控制系统，集成有多种钻井设备和工艺过程的控制。OnTrack 控制系统的网络结构和司钻座椅如图 8-53 所示，2 个多功能手柄和触摸屏用于司钻操作和显示。

OnTrack 控制系统网络由 C-Net 和 I-Net 组成，用于高频数据交换，其中 C-Net 主要负责上位监控系统，如历史数据服务器、远程客户端和 CCTV 等；I-Net 主要负责现场级设备数据交换，如绞车控制器、顶驱控制器、第三方设备接口等。通过 X-COM 座椅和服务器将两个独立的网络连接，能够更有效地确保数据传输的实时性。

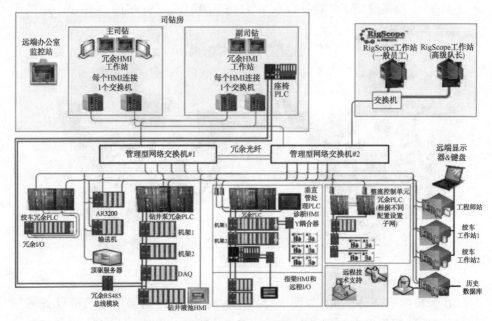

图 8-52 RigScope 钻机控制和数据采集系统

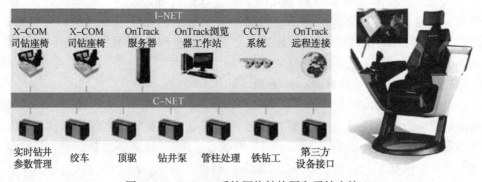

图 8-53 OnTrack 系统网络结构图和司钻座椅

8.5.4 国内司钻控制系统在钻井装备领域现状及特点

目前国产钻机的司钻控制房基本上都是由各油田、井队根据自己的使用习惯来定制，没有统一规范，内部控制和显示元器件布置差异巨大，甚至其主要功能的划分也没有统一规范，因此司钻在上岗前通常要接受大量的培训。面对各种仪表和监视系统，司钻每天必须要保持高度的注意力，工作强度极其繁重，因此合理科学地设计司钻控制房显得尤为重要。在司钻控制房的设计上要通过分析建立用户思维模型和用户任务模型，在整体布局方面、控制方面、人机界面设计方面都需要进一步地改进。目前，国内一些企业针对司钻操作工艺、操作模式设计出了一系列的司钻控制系统。

宝鸡石油机械有限责任公司推出了国内首套集智能化、集成化及信息化于一体的 idriller 钻机集成控制系统，打破了常规不同分供商设备操作及显示元件在司钻房内"堆积木"式的布置方式，可对钻机设备进行集成控制和信息统一管理。这套系统通过一体化操作座椅将钻机变频电控系统、顶驱控制系统、管柱处理控制系统、钻井仪表等整合到同一个控制网络中，各设备操作指令从司钻座椅统一发出，所有被控设备和工艺参数均在司钻座椅统一显示。目前，该系统已成功应用于 30DB、50DB、70DB 和 90DB 等钻机，在大庆钻探、川庆钻探和长庆钻探等得到成功应用，通过近 3 年 13 口井累计钻深超过 46000m 的测试，该系统工作稳定性强，功能设置合理，操作简便，能够完全替代传统司钻。

四川宏华石油设备有限公司于 2014 年将其开发的钻机集成司钻控制系统配套于 5000m 钻机中，采用 4 个屏幕用于显示和操作，另外部分主要功能单独配套多功能手柄和按钮，并设置了急停按钮。四川宏华石油设备有限公司还具有双显示屏的集成司钻系统，与 4 显示屏所不同的是其屏幕只用于状态监视，不可用于操作。在右扶手箱旁边设置有 1 个操作台，用于设备的操作和指示灯显示。

除此之外，青岛天时、南阳二机、江汉四机、天津瑞灵及东方先科等公司也先后推出一些基于修井机或钻机的集成司钻控制系统，但是市场应用较少。

8.5.5　智能司钻控制系统应用前景

通过对比国内和国外的司钻控制技术现状，我国已经实现了钻机集成控制，有了自主知识产权的产品。但总体来看，国内厂商在产品多样性和后台数据分析技术方面依旧发展较少，仍需在以下两个方面进行研发：

（1）空间最大化：人机界面控制可以最大程度地优化司钻控制房的内部结构和布局，显著降低司钻的工作强度、提高司钻的工作效率。

（2）智能化：现有的自动化钻机已经实现了部分单元设备的一键式自动操作，比如铁钻工的上卸扣，下一步应向多设备协同作业的一键式操作方向发展，借助钻机集成控制系统，针对特定的工况实现一键式自动控制功能，结合大数据技术最终实现钻井过程的一键式操作。

8.6　CAT@ 智能引擎管理系统

根据资料显示，陆地钻机发电机组处于轻负载条件下的使用时间占总运行时间的绝大部分，其中负载率 18% 占比最大（如图 8-54 所示），因此卡特公司推出了专为陆地钻井柴油发电机组开发的智能引擎管理系统（智能 EMS）。

轻载条件使用时间过长会造成燃油消耗显著增多，增大在用机组的运行时间，增加柴油机维护保养的频次，同时低负荷运行极易在气门、进气道、活塞顶、活塞环等处产生积碳，进一步影响柴油机系统的烧烧效率，加剧运动部件的磨损，甚至于导致大修期提前到来等后果，这对钻井商生产成本控制、柴油发电机组平稳运行十分不利。

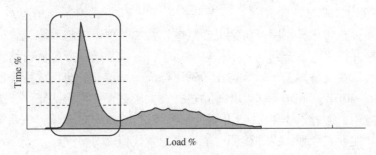

图 8-54　陆地钻机各负载率时间占比

　　智能 EMS 采用最新的发动机和发电机控制器系统，可有效地管理在线所需的发动机数量，以满足钻机的功率需求。

8.6.1　智能 EMS 的结构

　　区别于传统发电机控制结构，智能 EMS 移除了第三方发电机组控制器，采用 CAT 整合控制方案，如图 8-55 所示。其中 EMCP4.4 对发电频率进行控制，参与发电电压调节，实现负载分配平衡，并可同步控制断路器状态和发电机自动启停。HMI 面板可实时观测发电机各项数据，并提供可视听的发动机启动前安全预防措施。IVR 参与发电机电压调节。

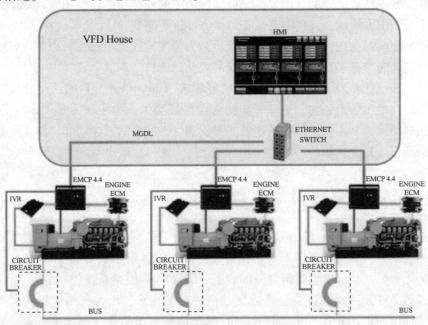

图 8-55　智能 EMS 的结构框图

8.6.2 智能 EMS 的工作过程

发电机组工作时，智能 EMS 持续监测钻机功率需求和可用的发动机负载，当发动机负载率大于设定阈值并持续 T1 时，智能 EMS 通过总线控制备用发电机上线并网。当发动机负载率小于设定阈值并持续 T2 时，智能 EMS 通过总线控制发电机下线离网，通常 T1 远小于 T2。除基本控制逻辑之外，智能 EMS 针对陆地钻井过程中常出现的负载突变瞬态过程也做了控制优化，它可以在任何设定的时间段内连续监测负载峰值和瞬态峰值的数量，当负载率持续大于基准值，且负载峰值在 T3 内突变率和发动机在 T4 瞬时峰值的数量大于设定值时，自动控制备用发电机上线并网。

8.6.3 智能 EMS 的作用

智能 EMS 系统利用 EMCP4.4、IVR 和 HMI 等先进部件和控制软件对陆地发电机组上下线进行管理，具有如下作用：

（1）经济性好。在增大发动机负荷系数的前提下，可减少 10% 左右的能源消耗，同时减少发动机组的运行时间，使发动机年运行时间减少 25%，降低每年的维护保养成本，此外卡特智能 EMS 取代了第三方引擎控制器，减少了动力平台构建的资金投入。

（2）安全性好。HMI 提供了对引擎控件的远程访问，增强钻机人员在发动机周围工作的安全性，有局部锁定和视觉听觉警报。

（3）简化动力房控制。通过移除控制房发电机控制器，简化了动力机房布局，节省了空间。

（4）环保。智能引擎技术结合 DGB（动态燃气混合技术）清洁能源替代比例可提高 15%。

8.6.4 智能 EMS 的特色

（1）冷却过程中可增加发动机：允许被释放的发动机不经冷却完成或停止运行直接根据需要重新上线。

（2）曲柄仲裁：游车发动机自动限制空气需求。

（3）基于事件的冗余：如果冷却液温度超过阈值或油压过低时，自动增加额外发动机上线运行。

（4）自动预热：发电机在同步到总线前自动预热发动机。

（5）多参数整合：允许将不同参数设定点内容整合，统一命名为一个文件。

（6）人工主动上线：给司钻一个按钮，可暂时使另一个发动机在线（依据负载大小）。

（7）在瞬态变化中上线发动机：评估瞬态负载的频率和大小，以确定是否需要额外的发动机。

（8）负载历史记录查询：显示一个负载历史记录，帮助用户更细致地了解钻机实际运行情况。

8.6.5 智能 EMS 的现场应用

根据 CAT 公司提供的现场应用效果案例，智能 EMS 在 1#实验井队共投入使用 3.5 年，较未使用之前燃油节省 9.1%，总发电机工作小时数减少 23.1%；在 2#实验井队共投入使用 1.5 年，较未使用之前燃油节省 7.3%，总发电机工作小时数减少 12.9%。因此智能 EMS 对陆地钻机发电机组轻负载时间占比问题的改善效果明显，可有效节能减排，降低维护保养成本。

8.7 钻井柴油机余热回收利用装置

目前钻机一般装备三台 190 系列柴油机，12h 持续功率多为 882kW。据资料介绍，每台柴油机产生的热能仅 40% 左右转化为机械能，35% 从烟气中排出，25% 通过散热带走，即 60% 的热能没有发挥作用。可见柴油机热能转化为有功比率很低，浪费巨大。北方油田井队冬季施工期间，每个井队至少安装一台燃油锅炉，锅炉蒸发量 0.3T/h，理论消耗柴油 20kg/h，大幅增加了冬季施工成本。多数采用燃煤锅炉，日消耗燃煤在 3.5t 左右。锅炉烟气、煤炭粉尘等对环境造成污染。通过测试，依靠现有的科技手段，完全可以将柴油机排放的烟气余热回收利用，形成免费的燃气锅炉，替代现有的燃油锅炉，这也符合企业和国家的节能、减排、环保等战略需要。

8.7.1 系统工作原理

柴油机产生的废气（200~450℃）经烟气换向阀导入蒸汽发生器，高温烟气释放热量后，变成低温烟气（温度 100~280℃），从发生器尾部排出。水泵将软水泵入发生器，软水在发生器内吸收来自高温烟气的热量后汽化，变成汽水混合物，压力升高(饱和压力 0.5MPa)，经汽水分离器分离后，饱和蒸汽由主汽口引出供使用。本系统没有独立的汽包，非饱和水和饱和水共存，蒸发器的上部起着汽包的作用，如图 8-56、图 8-57 所示。

本系统控制器分手动泵调节和自动运行两种模式。手动模式不受液位限制直接起停水泵，自动模式按设定值运行。当发生器内压力等于 0.1MPa 时，烟气换向阀通过自动执行器将阀板切换至关闭，烟气旁通，使高温烟气通过蒸汽发生器后排出；在蒸汽发生器内的压力达到 0.5MPa 后，关闭烟气主通道，使高温烟气从烟囱直接排出。发生器正常运行水位在 ±30mm 之间，当水位处于 +30mm，水泵停止；当水位达到 -30mm 时，水泵自动启动直至 +30mm 停泵。同时设置超高水位和超低水位报警，系统工作原理如图 8-58 所示。

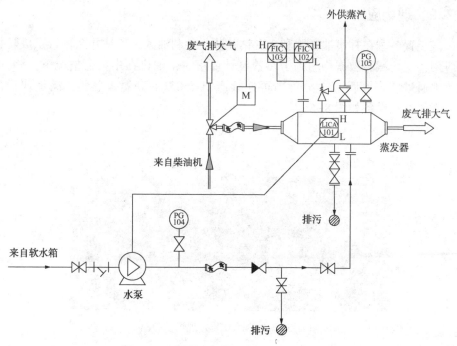

图 8-56 柴油机余热回收系统工作原理图

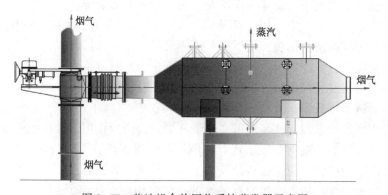

图 8-57 柴油机余热回收系统蒸发器示意图

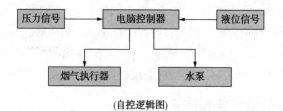

图 8-58 柴油机余热回收装置控制系统框图

8.7.2　现场应用

该装置冬季在甘肃油区胜利2支钻井队、胜利油区3支钻井队进行了成功投产应用，现场试验数据均达到了参数设计要求。柴油机在中负荷情况下，5℃的软化水通过该装置后，15分钟内可连续产出150℃的高温水蒸气，满足现场需求。现场试验设备如图8-59所示。

图8-59　余热回收装置现场实验图

装置投运后产生的蒸汽可用于以下几个方面：

（1）钻井地面设备及设施表面油泥、污土、粉尘的清洗；

（2）冬季钻井施工中，用于柴油机、发电机、钻井泵、水泵、液压动力源、泥浆净化系统等设备的预热，用于提高机体温度，减少部件磨损，为设备安全运行提供安全保障；

（3）井场营房、操作房、野外施工区域的采暖；

（4）通过油罐升温，可减低柴油牌号。

通过现场应用发现，该装置可在以下几个方面产生作用，提高使用效率：

（1）节能降本增效：替代了现有的燃油和燃煤锅炉，不需要燃料成本消耗。对于北方高寒油区，冬防保温将持续5个月，节能增效明显；

（2）改善空气环境：替代原有的燃油、燃煤锅炉，杜绝了 SO_2、CO_2 等污染物排放。同时可降低柴油机噪声，减轻工人身体损害，改善工作环境；

（3）井场营房供暖：产生的高温水蒸气或转化的高温热水，可以对井场营房供暖。通过热量计算，在钻井施工期间，可以满足全部营房供暖，并且热量充足稳定；

（4）保障生产安全：在油、气井施工中，井底返出的可燃气体与高温气体混合极易产生爆炸。该装置可大幅降低排气温度，起到了灭火、降温、防爆的作用。

8.7.3　经济效益及节能减排效果分析

采用该装置后，柴油机余热在产生蒸汽的同时，降低了碳排放，同时减少了各钻井公司钻井成本支出，提高了经济效益。

（1）使用化石燃料锅炉相关费用测算

1）东部胜利油区（1支钻井队测算）：在用燃油锅炉蒸发量0.3t/h，理论消耗柴油20kg/h。按冬季使用4个月燃油锅炉计算，理论消耗柴油在57.6t左右，实际月消耗柴油5t。则冬季可减少柴油消耗：（57.6-5×4）×8832=33.2万元。

2）北部高寒油区（1支钻井队测算）：按照燃煤锅炉消耗量3.5t/d、600元/t（含运费）、锅炉员工4000元/月（4人倒班）。按冬季使用5个月燃煤锅炉计算，则冬季可减少费用消耗：600×3.5×30×5+4000×4×5=39.5万元。

（2）经济效益

1）东部胜利油区（1支钻井队测算）：①替代燃油锅炉：按上述计算，每个冬季减少消耗33.2万元；②降低柴油标号：对柴油罐进行蒸汽加热，冬季采用0#替代-10#柴油施工，周期4个月，则冬季减少柴油成本消耗：（76.72-66.55）×4=40.68万元。③操作间及营房供暖：钻井队营房、设备操作房以及电伴热供电消耗电量约60度/h，折合柴油成本1.7元/度。考虑设备搬迁、安装和完井作业等因素，按75%供暖时间计算，则冬季减少费用为：60×24×120×1.7×75%=22.03万元。以上①+②+③合计：33.2+40.68+22.03=95.91万元

2）北部高寒油区（1支钻井队测算）：①替代燃油锅炉：按上述计算，每个冬季减少消耗39.5万元；②降低柴油标号：对柴油罐进行蒸汽加热，冬季采用0#替代-20#柴油施工，周期5个月，则冬季减少柴油成本消耗：（84.88-66.55）*5=91.65万元。③操作间及营房供暖：钻井队营房、设备操作房以及电伴热供电消耗电量约120度/h，折合柴油成本1.7元/度。考虑设备搬迁、安装和完井作业等因素，按75%供暖时间计算，则冬季减少费用为：120×24×150×1.7×75%=55.08万元，以上①+②+③合计：39.5+91.65+55.08=186.23万元。

（3）节能减排效果分析

1）东部胜利油区（1支钻井队测算）：在用燃油锅炉，冬季增加柴油消耗20t，每吨柴油燃烧产生二氧化碳约为3.1t，使用余热回收装置，减少二氧化碳排放约62t。

2）北部高寒油区（1支钻井队测算）：燃煤锅炉消耗量3.5t/d，冬季消耗总量525t，每吨煤燃烧产生二氧化碳约为2.66t，使用余热回收装置，减少二氧化碳排放约1396t。

石油钻井行业推广柴油机余热回收利用装置，经济效益和社会效益显著，投资回收期短，符合国家节能环保政策，意义深远。

8.8 超级电容储能装置

8.8.1 交流变频钻机电机再生制动原理

钻井生产中，尤其是钻进和起下钻过程中，需要对绞车交流变频电动机进行

频繁的加速减速操作。当需要绞车减速、钻进或者是下钻时，异步电动机处于再生发电制动状态。传动系统中的机械能或者是钻具中的重力势能拖动异步电动机从而转换成电能，逆变器的六个回馈二极管将这种电能回馈到直流侧，此时的逆变器处于整流状态。在传统的变频器主回路中，回馈到直流侧的电能对中间电容进行充电，随着电容两端能量的积累，直流侧电压随之升高。当直流侧电压升高到设置的阈值后，制动单元里的斩波器将制动电阻导通。通过控制斩波器的通断来制动电阻的投入，将电容两侧累积的电能转换成热能的形式消耗掉，从而达到避免因直流回路电压过高造成设备损坏的目的。常规变频器的主回路电路图如图8-60所示。

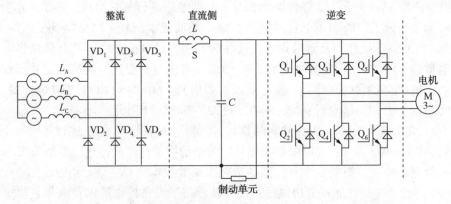

图 8-60　变频器主回路

从节能的角度考虑，最佳的制动选择是采用回馈制动，即将能量回馈到交流电网，然而钻井现场的发电机容量和动态调节能力不足以满足能量回馈的要求。此外，出于成本考虑钻井现场用的整流装置，选用的是如西门子 S120 BLS 系列的基本整流装置，该装置采用晶闸管全控桥进行整流，无法向交流电网进行能量反馈，因此只能通过中间直流环节的电容进行储能，并以电热的形式将多余的能量消耗掉。

8.8.2　超级电容器简介

超级电容器(super capacitor)又叫双电层电容器，是一种介于传统电容器与电池之间、具有特殊性能的储能元件。超级电容地通过极化电解质来储能，可以被视为悬浮在电解质中的 2 个无反应活性的多孔电极板。当在两个电极板上施加电压时，正极板吸引电解质中的负离子，负极板吸引正离子，实际上形成 2 个容性存储层，被分离开的正离子在负极板附近，负离子在正极板附近。超级电容器是一种电化学元件，但其在储能过程中并不发生化学反应，这种储能过程可逆，也正因为此超级电容器可以反复充放电数十万次。超级电容器具有能量密度大、充放电速度快、使用寿命超长、充放电过程中能量损耗小、使用温度范围大以及材质环保等优良特点，目前在新能源汽车、电力行业以及轨道交通等行业被广泛应用。

在实际使用中采用并联的方式对超级电容器进行扩容，采用串联的方式提高其耐压等级，其原理与普通电容器一致。

8.8.3 超级电容储能装置系统结构与工作原理

超级电容器具备能量密度大、充放电速度快的特性，给了钻井作业中电动机再生发电制动一个新的选择，即使用超级电容器储存能量来代替传统的使用制动电阻消耗能量，避免直流环节电压过高。而当电动机工作在一三象限，即电动状态时，又将存储的能量释放出来供电动机使用，以达到避免能量浪费的目的。同时为避免超级电容器失效，保留原制动单元作为备用，主回路电路图见图 8-61 所示。

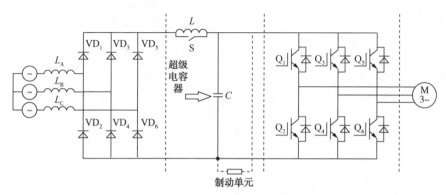

图 8-61 应用超级电容储能装置的变频系统主回路

8.8.4 交流变频钻机超级电容储能装置整体方案

整体方案包括双向斩波器和超级电容组，通过直流开关柜接入到钻井设备的变频系统直流母线。斩波器的主电路采用交错并联的 Buck-Boost 电路拓扑，超级电容充电时，由上管的 IGBT 和下管的反并联二极管构成降压斩波电路；超级电容放电时，由下管的 IGBT 和上管的反并联二极管构成升压斩波电路。双向斩波器主拓扑如图 8-62 所示。

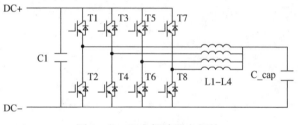

图 8-62 双向斩波器主拓扑

当绞车电机制动时，再生能量返送到直流母线上，系统直流母线电压升高，双向斩波器进入 Buck 工作模式，将能量存到超级电容组中；当绞车消耗电能时，直流母线电压下降，双向斩波器进入 Boost 工作模式，将超级电容组中存储的能量释放出来。

8.8.5 超级电容储能装置应用价值

超级电容储能装置将绞车起下钻过程中产生的能量储存起来并加以利用，节约了大量的燃料，在"碳达峰碳中和"的时代背景下具有重要意义；此外，该装置改善了发电机的动态性能，降低了因为电机急加速造成的发电机频率下降甚至熄火的风险，保障了作业安全。

9.1　钻井液不落地技术与装备

在钻井过程中产生大量的钻井废弃物(包括废弃钻井液及岩屑等)露天堆放在泥浆池中，会造成废弃物的渗漏和溢出，对周围环境的土壤、大气、地表水和地下水存在污染隐患，尤其是废弃钻井液中的重金属及其化合物，会给人类带来严重的潜在危害，因此废弃钻井液对环境的污染越来越受到人们的高度关注。

2015 年新《环境保护法》实施以来，国家环保法律法规的日益完善，环境监测监管力度不断加大，大排大放已不符合环保要求，地方政府对不落地的强制性环保要求越来越多，加快不落地配备工作刻不容缓。推进钻井液不落地技术与装备是切实贯彻习近平总书记"绿水青山就是金山银山"要求，落实中国石化集团公司绿色企业建设行动计划的重要举措。

废弃钻井液与污油、污水一样，是油田生产的三大公害之一。主要表现有三个方面：一是废弃钻井液自然状态下难以降解，造成周边地区土壤板结，土地盐碱化，植被大量破坏；二是废弃钻井液长期累积渗透到地表下水层或随雨水外溢流入江河小溪，污染水源，危害人民身体健康；三是废弃钻井液堆积在井场周围，占用大量耕地或草地，使占用的土地失去使用价值，成为新的污染源。

由于各国油田的地质情况和钻井技术水平不同，使用的钻井液处理剂差异大，产生的废弃钻屑和废钻井液所含有毒物质的组分也不相同。国外钻井液材料和处理剂大多选择无毒物质，产生的钻屑和废弃钻井液由专业的废物处理公司进行环保处理，处理成本高，加上处理技术保密，在经济上和技术上不适合我国国情，因此迫切需要根据我国石油勘探开发生产的实际情况，研究开发出简便易行、成本较低的钻井液回收及钻屑随钻处理技术与装备，解决钻井过程中环境污染和钻井液回收的问题。

中石化胜利石油工程有限公司研制成功的陆上钻井液固控与不落地一体化技术及装备，实现了钻井废弃物减量化、废弃钻井液不落地及回收利用，为我国实现绿色钻井目标奠定了基础，并将产生良好的经济效益、显著的社会效益及环保效益。

9.1.1 国内外钻井液不落地基本情况

钻井作业过程中产生的废液、废渣、废弃钻井液处理国内外都非常重视，目前，此类废弃物的处理主要有直接填埋法、坑内密封法、土地耕作法、脱稳干化场处理法、泵注入安全地层或井眼环形空间、固化法、焚烧法、溶剂萃取法、MTC技术等。这些技术或成本较高限制，或只适合少数类型钻井废弃物的处理，或受气候条件左右，应用范围受到限制。

9.1.1.1 国外钻井液不落地技术研究现状

欧美多采用固-液分离技术，干物填埋，液相经处理达标后，外排或回用。

(1) 废弃钻井液(含废渣)的处理现状

分散处理法：废弃钻井液部分可以采用分散法处理。废弃钻井液一般呈碱性，集中堆放容易导致该区域的土壤碱化，采用分散的方法处理，有利于降低碱度。

循环使用法：有些废弃钻井液、废水、废材料等可循环使用。

回收再利用法：回收再利用处理废弃钻井液。

固液分离法：固液分离法是利用化学絮凝剂絮凝、沉降和机械分离等强化措施，使废弃钻井液中的固液两相得以分离。

破乳法：采用传统的添加化学剂的方法，利用化学剂的特性破乳。

固化法：固化法是向废弃钻井液中加入固化剂，使其转化为土壤或胶结强度很大的固体，就地填埋或者作为建筑材料等。

坑内密封法：处理钻井废弃物的坑内密封法事实上是一种特殊的填埋方法。

生物处理法：生物处理钻井废弃物的方法有许多种。微生物降解法是利用微生物将有机长链或有机高分子降解成为环境可接受的低分子或气体。

MTC技术：MTC(泥浆转化为水泥浆 Mud-To-Cement)固井技术是在钻井液中加入固化添加剂，经过充分混合形成稳定的固化物，完成钻井液转换为水泥浆的处理过程。

回注法：有些毒性较大又难以处理的废弃钻井液可以通过回注法处理。

填埋冷冻法：在比较寒冷的地方，废弃钻井液和钻屑可以注入冻土层，将这些废弃物永久地冷冻在冻土层中，这样就不会发生迁移，造成环境污染。

焚烧处理：焚烧也是一种非常洁净的处理钻井废弃物的方法。因为在焚烧炉的烟窗内都安置有除尘、回收和气体吸收的装置。回收的油和其他物质可以用于油基钻井液的基液或移作他用。剩余的灰烬可以综合利用，对环境没有不良影响。

运到指定地点集中处理法：废弃钻井液中的部分废弃物在井场不能当场处理也不能直接排放，必须运出井场到某指定地点集中处理。

（2）钻井、作业污水处理技术现状

混凝沉淀法：该法具有处理效率高，工艺简单、灵活、操作方便等优点，广泛用作钻井、作业污水的一级、二级处理，对 S、COD、Cr、色度、油有较好的去除效果。

电絮凝浮选法：利用电化学原理，通过电絮凝浮选装置，在钻井、作业污水中通入直流电，利用可溶性阳极（如 Al、Fe）电解产生的氢氧化物起絮凝使用；然后通过絮凝剂和气泡的吸附、电中和作用，使污染物絮凝沉降或上浮，从而达到分离和去除污染物的目的。该设备简单，无须另外投加絮凝剂，且易于自动化控制。但主要问题是处理成本高，并且需要经常更换电极，应用受到很大的限制。

混凝–气浮–过滤法：在钻井、作业污水中加入浮选剂进行混凝，然后在气浮池中通过空气压缩释放产生的微小气泡将絮体携带上浮，然后将分离水经过砂滤和活性炭吸附，从而达到净化的目的。

机械过滤法：以聚酯纤维织物为过滤材料，在减压条件下过滤钻井、作业污水，滤饼干化后进行填埋，这是一种先进的钻井、作业污水处理工艺，具有工艺简单、操作简便、处理后水质较好等特点，但对过滤材料进水条件要求严格，目前仍处于研究阶段。

过滤–吸附–反渗透法：目前该方法是一种先进的钻井、作业污水处理方法，属于污水的深度净化处理。

闭路循环处理技术：近年来，美国和西欧国家的油气田都在研究和建立这类污水处理系统，如美国 Pau 国际石油设备公司在 Chaunoy 油田的八口井建立了闭路循环污水处理系统，采用的处理方法为中和、混凝和离心分离技术，处理设备为撬装式组合装置，该设备具有很大的灵活性，使用该系统后清水用量可减少70%以上。

组合式处理工艺和设备：为适应钻井、作业的短期性、流动性及分散性等特点，近年来，国外开发了多种钻井、作业污水组合式处理工艺和设备。这类装置多为撬装式，机动灵活，如美国 New Park 废物处理公司的油田废物净化装置，该装置由脱水、固体颗粒控制和水处理三个设备单元组成，具有多种功能，既可以单独处理废弃钻井、作业液或钻井、作业污水，也可同时处理。

固–液分离技术：现场进行固液分离处理，实现在钻井现场废弃钻屑及钻井液不落地。对于分离出来的有利用价值的有用钻井液直接作为下口新井使用，对于没有回收价值的有害液相进行深度处理，变成清水作为下口新井调配钻井液使用；对于分离出来的固相进行集中焚烧或热解析处理成无害化的灰烬，再进行资源化利用。

美国 Mi SWACO 公司的泥浆不落地工艺技术：该技术装备见图 9-1 所示，从井底上返的固液混合物通过 4~5 台并联振动筛和清洁器进行固液分离，分离后固相通过一台垂直甩干机进一步浓缩脱液干化，干化后的固相收集到转运罐，再运离井场集中进行无害化后处理；分离之后的液相通过两台卧式离心机进行进一步净化处理，处理后液相参与循环使用。

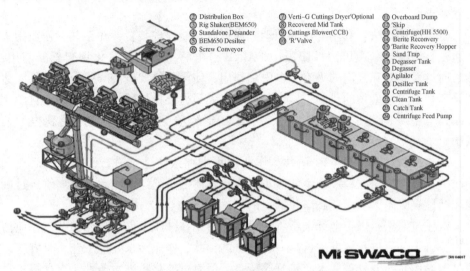

② Distribulion Box	⑦ Verti-G Cuttings Dryer'Optional	⑪ Overboard Dump
③ Rig Shaker(BEM650)	⑧ Recovered Mid Tank	⑫ 'Skip'
④ Standalone Desander	⑨ Cuttings Blower(CCB)	⑬ Centrifuge(HH 5500)
⑤ BEM650 Desilter	⑩ 'R'Valve	⑭ Berite Recovery
⑥ Screw Conveyor		⑮ 'Barite Recovery Hopper
		⑯ Sand Trap
		⑰ Degasser Tank
		⑱ Degasser
		⑲ Agilalor
		⑳ Desiller Tank
		㉑ Centrifuge Tank
		㉒ Clean Tank
		㉓ Catch Tank
		㉔ Centrifuge Feed Pump

图 9-1　美国 Mi SWACO 公司的泥浆不落地工艺技术及装备

美国 NOV 公司(国民油井)的泥浆不落地工艺技术：该工艺及装备示意图见图 9-2 和图 9-3 所示，井底上返的固液混合物通过 2+2 串联振动筛(干燥筛)的方式进行固液分离和浓缩脱液，分离之后的液相再通过两台离心机进行固相控制和净化处理。干燥筛分离之后的固相直接排放，但钻屑收集罐中采用装载机装运方式运离井场。离心机分离之后的固相也是直接排放到钻屑收集罐中。

通过调研分析对比国外的工艺技术现状，都是将钻井废弃物处理(废弃钻井液及钻屑不落地)、钻井液回收利用与钻井液固相控制融为一体，形成封闭式钻井液固相控制与不落地集成系统。

图 9-2　美国 NOV 公司(国民油井)的泥浆不落地装备

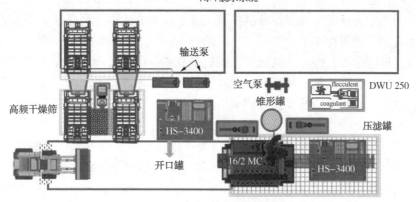

图 9-3　美国 NOV 公司(国民油井)的泥浆不落地工艺

9.1.1.2　国内研究现状

国内对废钻井液进行无害化处理研究最早的是四川油田。1988 年 9 月四川油田川西北矿区提出了一项关于"钻井完井钻井液回收处理装置"的专利,但未提及热源的解决方法和处理成本。四川油田川西南矿区以水泥等作为固化剂,处理固化后强度可达 1.2MPa 以上,表面覆土可退耕还田。自 1980 年以来,在钻井队普遍推广化学混凝法处理工艺。在水处理装置方面向连续化、自动化、科学化方向发展。辽河油田在 1990 年为处理压力密闭取芯带放射性氚的废钻井液时采用了固化处理技术。石油大学于 1992 年对水基聚丙烯酰胺淡水钻井液的有害组分进行了分析,研究了无害化处理技术。江汉石油学院对江苏油田 8 口井的废钻井液进行了化学脱稳及固液分离处理。1992 年中国石油天然气总公司委托石油大学、江汉石油学院、江苏油田、辽河油田和沈阳市环监中心进行了"废钻井液的处理研究",选用硫酸铝为絮凝剂,再添加其他药剂来处理,比较适用于分散型钻井液体系的废弃物。长江大学化学与环境工程学院对江苏油田废弃钻井液进行了化学脱稳及固液分离处理,设计了可移动式处理装置。胜利石油管理局采用化学强化固液分离法处理废弃钻井液,取得了较好效果。

近年来,国内在处理废弃钻井液方面也开展了大量研究,一是对国内各油田的废弃钻井液情况进行了调查分析;二是建立了发光细菌法(EC50)测定废弃钻井液毒性;三是研究了废弃钻井液处理技术和工艺,主要是固化法、混凝法、MTC 技术等;四是研究开发了废弃钻井液处理设备。钻井液不落地及钻井废弃物随钻治理与无害化处理等环保处理技术研究正在起步,在固液分离技术、实施工艺、配套设备方面取得了一定的进展,主要形成两种处理模式:振动+离心固液分离处理模式和压滤式。国内各油田大多数围绕这两种模式开展工艺与装备配套,由于各个地区环保要求和工况存在较大差异,未能形成统一的标准。

振动干燥与离心脱液组合方式:纯物理方式机械分离,连续工作,除正常钻井用的絮凝剂之外，不添加任何其他化学药剂，不产生废液，回收的钻井液全部循环使用；操作维护简单，需要人员少，运行成本较低。振动筛、干燥筛、离心机均为井队常用设备，易于被井队接受。该系统与井队固控系统互为备用，可以显著提高钻井液固控水平。

板框压滤方式：该方式是化学方式机械分离，压滤机间歇工作，需要在钻井液药品之外另加破乳剂、絮凝剂、破胶剂等药品，才能挤干固相。按照物质不灭定律，固相及滤液中会比原钻井液多出添加的化学药品，存在有害物越治越多的可能；滤液及清洗机器的废液量很大且不能回用，会产生二次污染，无处排放；压滤机操作维护相对较麻烦，现场使用人员较多，劳动强度大，易损件（滤布）更换频繁，处理效率低，需要备用多个储罐，整体使用成本高。两种处理方式具体对比见表 9-1 所示。

表 9-1　两种废弃物处理方案对比

对比项目	振动干燥与离心脱液组合方式	板框压滤方式
处理方式	物理机械	化学机械
工作方式	连续	间歇(一次压滤约 1h 左右)
处理剂	钻井常用絮凝剂	需添加大量破乳剂、絮凝剂，破胶剂等药品
有害废液	无，液体全部回收使用	产生大量无法排放的有害废液
处理工艺	简单	复杂
每班人数	3 人	4~5 人
劳动强度	设备操作维护简单，劳动强度小	设备操作维护相对麻烦，劳动强度大
备用储罐	少	很多
占地面积	相对小	相对大
运行成本	易损件少，运行成本低	滤布易损坏，清洗频繁，添加大量处理剂，运行成本高
固相含水率	含水率相对高，满足拉运条件	含水率相对低

9.1.1.3　钻井液不落地发展趋势

钻井液不落地将向以下几个方向发展：

（1）将钻井废弃物处理（废弃钻井液及钻屑不落地）、钻井液回收利用与钻井液固相控制融为一体，形成封闭式钻井液固相控制与不落地集成系统。

（2）发展废弃钻屑和钻井液采用集中处理的方式；

（3）海上钻井将常用钻屑回注的方式进行；

（4）向无害化处理与资源化利用综合集成方向发展。

9.1.2　钻井液固控与不落地一体化工艺

9.1.2.1　钻井液固控与不落地一体化工艺简介

废弃钻井液固控与不落地一体化工艺技术及装备将钻屑不落地与钻井液固相

控制融为一体，完全升级换代了现有固控系统和钻屑不落地随钻处理成套装备，完全由井队负责成套装备的运行与管理，有利于提高钻井液的净化效果，便于井队调整钻井液密度等参数，同时与不落地独立运行相比，减少了设备数量，提高了设备使用效率，减少了现场占地面积，可以优化人员配置，降低人工及运行成本。该工艺流程见图9-4所示。

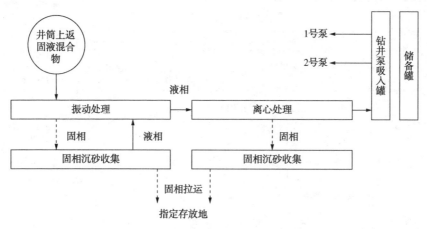

图9-4 废弃钻井液随钻一体化治理处理工艺流程

9.1.2.2 一体化基本要求及原则

用振动与离心的固液分离、脱液干化方式，在不改变现有钻井工艺和钻井液体系、不额外添加其他药品(除钻井液正常调配所需药品之外)的基础上，为了能够将钻屑不落地装备融入目前在用固控系统中，升级固控设备、优化布局，设计制造1、2、3号罐体，升级改造后配套到钻机使用，固相综合含水率低于60%，由沉砂收集罐收集后，挖掘机装车，将固相拉运至指定地点，液相全部回收利用。使用固相沉砂收集罐完成固相收集，安全性、可靠性高；搬家安装维护、操作使用、设备管理方便、简单；设备和维护保养成本低。

9.1.2.3 处理工艺

处理工艺应适合全井段采用水基钻井液体系钻井施工(即全井段均为小循环工艺)。

(1) 正常钻井阶段工艺流程

正常钻井阶段工艺流程见图9-5所示，井筒返出的固液混合物进入井队1号罐上的振动筛进行固液分离，分离后的液相进入1号罐的除砂供液仓，经过除砂器固液分离之后的液相进入2号罐离心机的供液仓，离心机固液分离之后的液相进入3号罐钻井泵的吸入仓，然后再继续循环。经过振动筛、除砂器和离心机分离出来的固相直接落入固相沉砂收集罐中。

(2) 固井替浆工艺流程

固井替浆阶段工艺流程见图9-6所示，井底上返的水钻井液，直接排放到固相沉砂收集罐中，侯凝一段时间之后，水泥及固相沉积在固相沉砂收集罐底部，上部液相泵抽吸到储备罐中，采用离心分离进行处理后液相回用；侯凝在固相沉砂收集罐底部的固相(水泥及井底上返的固相)以及离心分离出来的固相拉运至指定存放地。

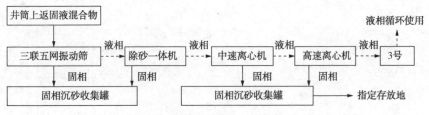

图 9-5　正常钻井阶段工艺流程

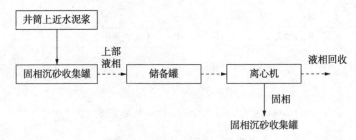

图 9-6　固井替浆工艺流程

(3) 完钻后剩余钻井液处理流程

钻井结束后，剩余钻井液处理流程见图 9-7 所示，将存放在井队固控系统中的钻井液，采用离心机进行固液分离，分离出来的液相回收利用，分离出来的固相运移到指定存放地。

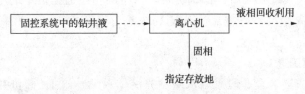

图 9-7　完钻后剩余钻井液处理流程

9.1.3　东部油区钻井液固控与不落地一体化装备配套方案

9.1.3.1　装备组成

东部油区的钻井液固控与不落地一体化装备主要由五部分组成：振动筛及其循环罐、离心机及其循环罐、加重循环罐、絮凝剂调配装置。在实际施工时，需根据需要配套 3~5 个钻井液储备罐。其主要技术参数如下：

处理量：260~300m³/h

总用电功率：360kW

（1）振动筛及其循环罐

振动筛循环罐分为 3 个仓：振动筛液相收集仓、预留除气器仓和除砂器一体机仓，见图 9-8 所示。罐面配置 1 台三联五网振动筛、1 台除气器（预留）、1 台除砂一体机以及 2 台搅拌器。

图 9-8　振动筛及其循环罐

在固控设备上，用三联五网振动筛替代了二联三网振动筛。老式的二联三网振动筛仅对井筒中上返固液混合物进行初步的固液分离，分离能力较弱，特别是对于上部地层钻井泵排量比较大的情况，容易糊筛、跑浆、固相含水率较高。而三联五网振动筛在筛内进行了分级处理，前两网使用超细目（160～200），对混合物进行固液分离，有效遏制跑浆现象；后三网使用细目（120～160），对分离的固相废物进行浓缩脱液干燥，进一步降低其含水率。这种"多台细目或超细目直线振动筛"的形式，也是目前国内外振动筛的发展趋势。

另外，老式的除砂器被替代为除砂干燥一体机。相较于除砂器，一体机纵向增加了脱液干燥装置，该干燥装置为一台小型超细目集成振动筛。除砂器排出的固相直接落入干燥装置，筛出的废弃物凝聚成团，含水率进一步降低。

（2）离心机及其循环罐

离心机循环罐分为 3 个仓，除砂一体机液相仓、中速离心机液相仓和高速离心机液相仓，见图 9-9 所示。3 个仓分别承接除砂一体机、2 台中速离心机、1 台高速离心机固液分离后的液相出口。罐面固控设备由 2 台中速离心机、1 台高速离心机以及 3 台搅拌器组成。

图 9-9　离心机及其循环罐

其中高速离心机指优选出的高速卧螺沉降离心机，其性能参数见表9-2所示，最小可分离出2μm的固相颗粒，有害固相清除率达到90%以上，分离出的钻屑含水率小于50%。在钻遇对钻井液性能要求更高的层位时，可以进一步降低钻井液固相含量，提高钻井液性能。

表9-2　选配离心机主要技术参数

型号 参数	LW500-NY	GLW450-NY	GLW400-NY
滚筒直径	500mm	450mm	400mm
滚筒有效长度	1194mm	1000mm	1215mm
滚筒转速	1800	2600	3200
分离因数	906	1700	2585
最大处理量	60	50	60
主电机功率	37	30	30
副电机功率	7.5	7.5	7.5
总质量	3500kg	3000kg	3500kg

（3）钻井液加重循环罐

加重循环罐也是钻井泵的吸入罐，设备主要由1台加重漏斗、2台加重泵、2台搅拌器等组成。

（4）絮凝剂调配罐

絮凝剂调配罐（见图9-10所示）用于将聚丙乙烯酰胺等常规粉末状絮凝剂溶解后充分搅拌均匀，通过计量泵直接供给中速离心机。在上部地层使用清水钻进阶段，供给絮凝剂可有效提高固液分离效果，使分离出的液相达到清水标准（见图9-11所示），固相含水率小于70%。

图9-10　絮凝剂调配罐

图9-11　分离出的清液

9.1.3.2 系统集成

（1）4000m 以下井深的废弃钻井液固控与不落地一体化装备

适合 4000m 以下井深废弃钻井液固控与不落地一体化装备平面布置示意图如图 9-12 所示。

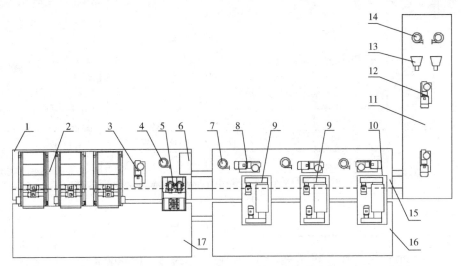

图 9-12　4000m 以下废弃钻井液随钻一体化治理装备平面布置示意图

1—1 号罐；2—三联五网振动筛；3—搅拌器；4—砂泵；5—除砂一体机；6—预留除气器；

7—供浆泵；8—搅拌器；9—中速离心机；10—高速离心机；11—加重罐；12—搅拌器；

13—加重漏斗；14—砂泵；15—2 号罐；16—固相收集罐；17—固相收集罐

适合 4000m 以下井深的废弃钻井液固控与不落地一体化装备基本组成与主要配套设备见表 9-3 所示，基本组成不包括用户根据实际钻井工程需要配置的电气控制系统、配浆罐和一定数量的储备罐等。

表 9-3　适合 4000m 以下井深的系统装备基本组成与主要配套设备

序号	基本组成	配套设备	数量	主要技术参数要求	备注
1	1 号罐	三联五网振动筛	1 套	液相处理量≥250m³/h［孔径 0.12mm（120 目）筛网］	
		除砂一体机	1 台	使用筛网目数应不低于 200 目（孔径 0.074mm）	
		搅拌器	2~3 台	单台功率≥11kW	
		砂泵	1 台	单台功率≥30kW	
		除气器	1 台	功率≥7.5kW	预留，选配
		罐体	1 个	有效容积≥20m³	罐面预留 1 台除气器安装空间

序号	基本组成	配套设备	数量	主要技术参数要求	备注
2	2号罐	中速离心机	1~2台	滚筒转速1500~2000r/min，单台处理量≥60m³/h，分离粒度≤7μm	每台离心机含1台供浆泵
		高速离心机	1台	滚筒转速≥2200r/min，单台处理量≥40m³/h，分离粒度≤5μm	含1台供浆泵
		搅拌器	3~4台	单台功率≥11kW	
		罐体	1	有效容积≥45m³	
3	加重罐	搅拌器	2~3台	单台功率≥11kW	
		砂泵	1~2台	单台功率≥30kW	
		加重漏斗	2个	单个处理量≥200m³/h	
		罐体	1个	有效容积≥30m³	
4	固相收集罐		2个	单个有效容积≥40m³	

（2）4000m以上井深的废弃钻井液固控与不落地一体化装备

适合4000m以上井深的钻井液固控与不落地随钻处理一体化装备平面布置示意图见图9-13所示。

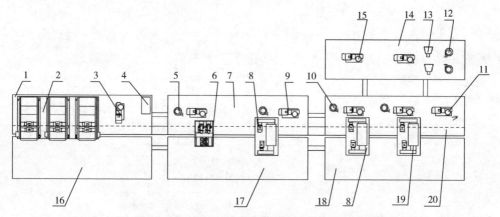

图9-13　适合4000m以上井深的装备平面布置示意图
1—1号罐；2—三联五网振动筛；3—搅拌器；4—预留除气器；5—砂泵；6—除砂一体机；7—2号罐；
8—中速离心机；9—搅拌器；10—供浆泵；11—搅拌器；12—砂泵；13—加重漏斗；14—加重罐；
15—搅拌器；16—固相收集罐；17—固相收集罐；18—固相收集罐；19—高速离心机；20—3号罐

适合4000m以上井深的钻井液固控与不落地一体化治理装备基本组成与主要配套设备见表9-4所示。基本组成不包括用户根据实际钻井工程需要配置的电气控制系统、配浆罐和一定数量的储备罐等。

表 9-4　适合 4000m 以上井深的装备基本组成与主要配套设备

序号	基本组成	配套设备	数量	主要技术参数要求	备注
1	1 号罐	三联五网振动筛	1 套	液相处理量≥250m³/h[孔径 0.12mm(120 目)筛网]	
		搅拌器	1~2 台	单台功率≥11kW	
		除气器	1 台	功率≥7.5kW	预留,选配
		罐体	1 个	有效容积≥20m³	罐面预留 1 台除气器安装空间
2	2 号罐	除砂一体机	1 台	使用筛网目数应不低于 200 目(孔径 0.074mm)	
		中速离心机	1 台	滚筒转速 1500~2000r/min,单台处理量≥60m³/h,分离粒度≤7μm	含 1 台供浆泵
		搅拌器	2~3 台	单台功率≥11kW	
		砂泵	1 台	单台功率≥30kW	
		罐体	1 个	有效容积≥45m³	
3	3 号罐	中速离心机	1 台	滚筒转速 1500~2000r/min,单台处理量≥60m³/h,分离粒度≤7μm	含 1 台供浆泵
		高速离心机	1 台	滚筒转速≥2200r/min,单台处理量≥40m³/h,分离粒度≤5μm	含 1 台供浆泵
		搅拌器	3~4 台	单台功率≥11kW	
		罐体	1	有效容积≥45m³	
4	加重罐	搅拌器	2~3 台	单台功率≥11kW	
		砂泵	2 台	单台功率≥30kW	
		加重漏斗	2 个	单个处理量≥200m³/h	
		罐体	1 个	有效容积≥30m³	
5	固相收集罐		3 个	单个有效容积≥40m³	

9.1.3.3　方案特点和优势:

东部油区钻井液固控与不落地一体化装备配套方案的特点和优势如下:

(1)不改变目前的钻井工艺和钻井液体系,不额外添加化学药品,彻底去掉大循环池,实现了固液分离、脱液干化;

(2)通过升级固控设备、优化设计 3 个循环罐和增加固相沉降和收集罐,与井队固控系统高度融合为一体,升级的固液分离设备为常见固控设备,更容易为

井队所接受;

（3）整个系统结构紧凑，占地面积小;

（4）不使用输送器，可靠性高;安装、使用、维护设备方便、简单。

施工时，应按需配置储备罐（容量达到 $150m^3$），提高应急储备能力，确保正常钻井及应急工况。

9.1.4 南疆工区钻井液不落地处理工艺及装备

由于南疆地区环保处理站对废弃物的含水率提出更高的要求，原处理工艺无法满足现场要求，将原离心分离处理工艺优化为压滤分离工艺。压滤工艺的原理是将井队排出的经过固控系统初步固液分离后的废弃物中加入适量的破胶剂，使废弃物破胶失稳，再供入压滤机对破胶后的固液废弃混合物进行压滤，分离成泥饼和压滤液。在 QHSE 设施配备齐全的情况下，可现场存储，并长途运输。

9.1.4.1 装备组成

装备主要由收集罐、输送设备、反应罐、板框压滤机、储水罐、应急储罐等组成。废弃物随钻处理能力和应急储存能力应适应所在工区工况，满足废弃物最大排放量的处理要求。压滤处理设备布置示意图如图 9-14 所示。

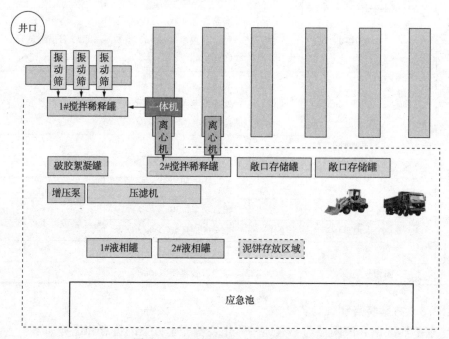

图 9-14 压滤处理设备布置示意图

9.1.4.2 压滤工艺处理流程

由井口返出的固液混合物首先经过井队固控设备进行逐级净化，通过振动筛和除砂除泥一体机分离出来的废弃物进入 1 号岩屑收集搅拌装置，通过井队中、高速离心机分离出的废弃物进入 2 号岩屑收集搅拌装置。不同于离心分离工艺分层后抽取液相进行处理的方式，压滤工艺将废弃物全部搅拌均匀后，统一抽入调配装置。调配装置配有 11Kw 搅拌器、药品调配罐等设备，用于将配置好的絮凝剂按比例加入废弃物中，使其破胶失稳。待充分破胶后，压滤机供浆泵将混合物高压抽入压滤机中，进行压滤作业，分离成泥饼与压滤液。泥饼进入岩屑收集罐，由挖掘机配合翻斗车转运至区块固废治理环保站。压滤液则进入液废收集罐，由泵抽入罐车转运至区块内液废治理环保站。压滤工艺流程见图 9-15 所示。

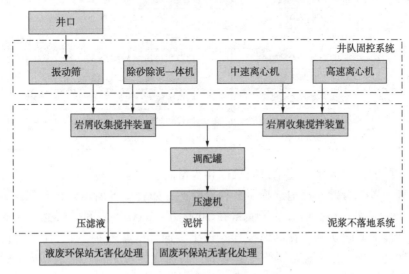

图 9-15　压滤工艺流程图

9.1.4.3　工艺特点

压滤工艺优缺点明显，其优点在于：

泥饼含水率降低至 60% 以下，压滤液密度低于 $1.05g/cm^3$，符合废弃物治理单位的接收标准，便于现场储存与运输；压滤机处理量大、效率高，满足现场随钻处理的要求。

压滤工艺缺点在于：处理过程要加大量药品，滤液因含有絮凝剂，无法被井队回用，运行成本增加；设备占地较大、装置较多、功耗大、所需操作人员较多，提高了运行成本；药品加入后需控制混合物的 pH 值，使其满足环保站接收要求。

9.1.5　絮凝剂选择及使用

9.1.5.1　絮凝剂类型选择

目前用于钻井液固液分离的絮凝剂由于用量大、结构不合理和电荷密度低等原因，导致废弃钻井液固液分离脱水后的污泥含水率高，达不到拉运和排放标准，因此优选一种高效、水溶性好、电性适宜的钻井液固相分离用高效絮凝剂非常重要。

钻井用絮凝剂主要分为有机高分子絮凝剂和无机高分子絮凝剂两大类。有机高分子絮凝剂中较为常见，且价廉易得，主要是聚丙烯酰胺干粉，其又分为阴离子型、阳离子型及非离子性 3 大类。无机高分子絮凝剂中较为常用的是聚合氯化铝。这两类产品都有较好的絮凝分离效果，因此对以上絮凝剂进行了重点分析。

表 9-5　实验用絮凝剂

代号	名称	性质
1	阳离子聚丙烯酰胺	白色颗粒物，阳离子度 10%，分子量 1200 万
2	阳离子聚丙烯酰胺	白色颗粒物，阳离子度 30%，分子量 1200 万
3	阳离子聚丙烯酰胺	白色颗粒物，阳离子度 60%，分子量 1200 万
4	非离子聚丙烯酰胺	白色颗粒物，水解度<5%，分子量 1200 万
5	阴离子聚丙烯酰胺	白色颗粒物，水解度 14%，分子量 1400 万
6	阴离子聚丙烯酰胺	白色颗粒物，水解度 20%，分子量 2000 万
7	阴离子聚丙烯酰胺	白色颗粒物，水解度 30%，分子量 2000 万
8	聚合氯化铝	浅黄色粉末状固体，易溶于水，分子量 1000 万

针对胜利油田清水快速钻进阶段固相含量高、钻速快的特点，配合钻井液不落地处理装置，有针对性地选择了 8 种絮凝剂，如表 9-5 所示，包含聚丙烯酰胺和聚合氯化铝两大类，相对分子质量在 1000 万~2000 万之间，研究了絮凝剂对钻井液性能的影响实验。在高速搅拌条件下，向经配浆养护 16h 后的 6% 的膨润土浆中缓慢添加 5‰ 的聚丙烯干粉絮凝剂，高速搅拌 60min 后测定其流变性，并将以上浆液加入转速 3000r/min 的离心机中，高速离心分离 30min 后，观察其凝结后颗粒稳定性，同时将剩余浆液静置 16h，观察其析出液高度以评价其胶体稳定性。实验结果见表 9-6 所示。

表 9-6　絮凝剂对钻井液性能影响实验

絮凝剂代号	加量	pH 值	配方	静止 16h 后观察	高速搅拌 15min 后测六速	离心固液分离情况
1	5‰	6.5	6%膨润土浆，养护 16h	稳定胶体，不分层	42/32.5 29/24 19/20	离心 30min 无分层
2	5‰	6.5	6%膨润土浆，养护 16h	稳定胶体，不分层	45.5/36 32/26.5 21.5/21	离心 30min 无分层
3	5‰	6.5	6%膨润土浆，养护 16h	稳定胶体，不分层	56/44 39/32 27/27	离心 30min 无分层
4	5‰	6.5	6%膨润土浆，养护 16h	稳定胶体，不分层	95/80 74/69 49/43	离心 30min 无分层

絮凝剂代号	加量	pH 值	配方	静止 16h 后观察	高速搅拌 15min 后测六速	离心固液分离情况
5	5‰	6.5	6%膨润土浆，养护 16h	稳定胶体，不分层	60/49 44/38 30/30	离心 30min 无分层
6	5‰	6.5	6%膨润土浆，养护 16h	稳定胶体，不分层	77/60 53/46 34/33	离心 30min 无分层
7	5‰	6.5	6%膨润土浆，养护 16h	稳定胶体，不分层	115/102 92/80 52/43.5	离心 30min 无分层

从表 9-6 所示数据可知，在加入 5‰的聚丙烯酰胺后，膨润土浆的黏度增大了，同等加量对土浆黏度增大的影响效果由高到低排列分别为：1～3<4～6<7，即阳离子<阴离子<非离子，且同样的分子量，随着阳离子度的增加，阳离子聚丙烯酰胺对膨润土浆的影响更加明显。三类聚丙烯酰胺的加入对体系的 pH 值没有影响，添加聚丙烯酰胺会使土浆的胶体性能更稳定，长时间放置和高速离心情况下胶体不分层。

根据钻井液高效固液分离工艺及装置的设计要求，在快速沉降装置内添加聚丙烯酰胺干粉可以替代原大循环池完成固相与液相的分离，分离后的固相经过高速离心机脱液分离后被运移至指定地点，液相会回收返回到固控系统中继续循环使用。存留在液相内的聚丙烯酰氨酰胺干粉作为絮凝剂，仍然可以进行钻井液固液相快速分离，同时可在一定程度上起到稳定钻井液体系，提高体系黏切力的效果。因此使用聚丙烯酰胺干粉作为絮凝剂对钻井液性能的影响可控，该实验方案可行。

通过以上实验，代号为 2、3、5 的三种聚丙烯酰胺干粉对钻井液的影响可以接受；其次黏土颗粒的表面带有负电荷，因此应重点考查阳离子型聚丙烯酰胺干粉的使用效果，且在可接受的范围内应适当选择阳离子度较高的产品，以通过较强的电性作用加速黏土颗粒的聚合沉降；另外考虑需对比阴阳离子聚丙烯酰胺干粉的不同影响，也选择了一个阴离子型产品进行考察。因非离子型聚丙烯酰胺干粉对钻井液体系影响较大，且市场上此类产品较少，因此未选择。

9.1.5.2 絮凝剂添加方式

通过上述实验可知，将聚丙烯酰胺干粉直接加入钻井液中，不会使固相颗粒沉降，反而会使其中胶体颗粒的结合更为牢固，从而增加体系的黏度和稳定性。因此在进行沉降实验时，首先将聚丙烯酰胺干粉在水中完全溶解，其中带极性的阳离子被充分水解游离，有机长链展开，相互交叠形成适宜捕捉土相颗粒的网状结构，再加入钻井液中才能起到充分絮凝的效果。

9.1.5.3 絮凝剂的使用量

将不同质量的絮凝剂加入水中缓慢地搅拌，使其完全溶解，将絮凝剂的水溶液加入钻井液中，边加边缓慢地搅拌（现场实验中可使用折流板实现），充分搅拌后，可发现大颗粒絮团开始沉降。待絮团充分沉降后，将其导入压滤装置，在0.2MPa气压下进行压滤，以确定添加量对固相沉降和脱水后固相含水率的影响，试验结果见表9-7所示。通过滤饼的含水率来判断絮凝沉降效果，通常固相颗粒团聚效应越好，固液分离的效果也会越好，这样固相压滤后的含水率会越低。

表9-7 絮凝剂添加量对固相含水率的影响

絮凝剂代号	加量	滤饼的含水率	絮凝时间/s
2	0.1%	81.25%	140
	0.15%	80.82%	118
	0.2%	82.47%	94
	0.3%	82.33%	85
3	0.05%	77.23%	125
	0.1%	75.41%	90
	0.2%	78.39%	79
	0.3%	79.07%	70
5	0.1%	86.77%	150
	0.15%	85.29%	132
	0.2%	83.4%	112
	0.3%	83.92%	106

备注：絮凝剂的添加量为絮凝剂的质量与钻井液质量的比值。

从表9-7所示数据可知，随着絮凝剂的添加量增大，絮凝剂2形成的滤饼的含水量先减小后增加，存在最优添加量0.15%，絮凝时间呈下降趋势，超过一定添加量后，滤饼的含水量增加，絮凝时间缩短趋于稳定；3号絮凝剂形成的滤饼的含水量在其加入量为0.1%时达到最小，为75.41%，其后随絮凝剂添加量增加有所增加而且絮凝时间缩短也趋于稳定。5号絮凝剂的添加量在超过2%后才达到稳定。同时比较形成的滤饼可以发现，2号、3号絮凝剂形成的滤饼较为紧实，表面较为规整，手触摸时表面较为光滑，无黏滞感。5号滤饼的絮凝剂形成则较为蓬松，表面松散不规则，黏滞感强。实验所得压滤液都为无色无味的透明液体。

综合考虑钻屑的含水量和沉降时间小于133s的要求，快速沉降装置在处理清水钻进时的钻井液及其中的固相颗粒时，阳离子型的聚丙烯酰胺沉降时间要短于阴离子型。相同分子量下，阳离子度高的干粉效果较好。因此推荐阳离子度60%，分子量1200万的阳离子型聚丙烯酰胺干粉，添加量为0.1%，可以取得较好的固液分离效果。

9.1.6 现场应用情况

截至2020年12月31日，先后在胜利油区及新疆矿区共计推广应用500口井以上，其中新疆地区 30 余口井；直接与井队在用钻机配套的钻井液固控与不落地一体化工艺及装备 70 套，并直接交付井队操作使用与管理，现场实施钻井液固相控制与随钻处理一体化工艺施工 400 口井以上。部分井队现场应用情况如图 9-16~图 9-18 所示。

图 9-16　在黄河钻井总公司 40499SL 井队施工的王 53-斜 46 井现场应用情况

图 9-17　在胜利油区黄河钻井总公司 40539SL 井队施工现场应用情况

图 9-18 某钻井总公司井队现场应用情况

现场应用效果：能够全井段全排量随钻处理，钻屑含水率控制在 60% 以下，满足拉运要求，节约用水达到 40% 以上；与独立运行方案相比，减少了设备总数，提高了设备使用效率和钻井液固相控制效果，降低了运行成本，实现了钻井液固控和不落地工艺一体化、设备操作和管理一体化、安装运行一体化、人员配备一体化等；井队负责现场钻井液固相控制、固液分离和浓缩脱液，第三方只负责将固相和废弃液拉运至集中处理站即可，完全实现了没有大循环池情况下废弃钻井液随钻一体化治理。

9.1.7 发展前景

钻井液不落地技术与装备解决了当前钻井施工对钻井液不落地的设备需求，解决了生产急需，具有较大的技术经济与环保效益，能够扩大钻井施工领域范围。新环保法的实施及环境敏感区域钻井工作量的增多，对钻井液不落地设备需求越来越大。现场试验证明，成套工艺与装备处理效果良好，实现了钻井液固相废弃物随钻处理，能够与不同钻机配套使用，实现了"小型化、模块化、标准化和自动化"的要求，已在胜利油田进行规模化推广应用，另外还可以推广应用到国内诸如新疆油田区块、延长油田区块、鄂尔多斯区块等，为扩大外部市场提供技术支撑与装备支持，具有广阔的推广应用前景。

9.2 负压振动筛

传统振动筛属于直线式振动筛，采用 2 台高频机械振动的振动棒来实现固液的初步分离，存在一些不足：（1）固液分离效果差，分离效果不稳定，大量钻井液流失到固相废弃物里，不但泥浆损失大，固相废弃物处理成本也增加了；（2）不能有效清除钻探过程中产生的微粒大小不同的有害固相，需除沙除泥器和离心机等辅助完成二级固控；（3）运行时高频振动噪声大；（4）部分井段特别是水基泥岩段极易发生筛面堵塞，造成跑泥浆等环保污染事件。由此，传统振动筛已无法满足清洁生产下钻井承包商降低废弃物处置成本、提高泥浆有效回收利用的需求，一种运用"负压力"机理的新型负压振动筛开始出现并在钻探现场应用。负压振动筛目前有两种形式，一种是 CUBILIT 公司的 Mud Cube 系列履带式负压振动筛，一种是 MI-SWACO 公司的直线振动的负压分离设备。经过对比分析，履带式负压振动筛更具有应用前景。

9.2.1 负压振动筛结构

负压振动筛按功能划分可分为入口区、抽吸过滤区、动力传动区、刮削推送区、空气真空区、控制仪表区。入口区主要包括泥浆分配盘，它的作用是减慢液体的流动速度，确保钻井液流量均匀分布在滤带宽度上。抽吸过滤区由滤带、支撑架、吸盘斗、微震器、空气刀、二次滤网等构成。微震器发出微振动力并传递到滤带顶部的钻井液中，减少近尺寸颗粒堵塞滤带的可能性，也有助于打破液滴的表面张力，使钻井液更好地穿透滤网。空气刀位于振动筛中下部，能发出高效气流用来清除极端堵塞或黏性黏土情况下残余的泥浆固相，解决泥岩水基泥浆堵塞筛网。刮削推送区包含滚动刮削带、刮削轴、刮削传动带，刮削带推动掉落底部的岩屑进入岩屑槽，避免岩屑在底部堆积。空气真空区主要由真空泵，排气管组成，空气真空区直接连接到出口箱吸入室，并配有一个排气通道，它为钻井液传统滤带和吸盘斗提供适当气流。履带式负压振动筛剖面图如图 9-19 所示。

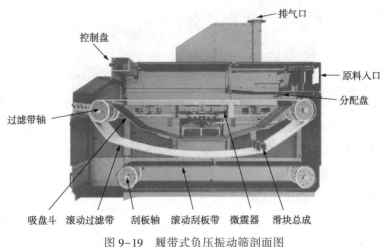

图 9-19　履带式负压振动筛剖面图

9.2.2 负压振动筛技术参数

处理量：180m³/h；
传送带最高目数：320目；
额定压缩空气工作压力：0.6~0.8MPa；
激振器空气消耗量：1.94m³/min@0.6MPa；
空气刀满负荷空气消耗量：4.5m³/min@0.6MPa；
固液分离后岩屑含液量（水基）：<40%；
固液分离后岩屑含油量（油基）：<10%；
主机功率：2×0.75kW；
主机设计最高使用温度：85℃；
真空泵功率：11kW。

9.2.3 负压振动筛工作过程

真空泵设计使用最高温度：120℃。真空设备运转，井筒返出钻井液从架空槽入口法兰进入负压振动筛入口段区，经分配盘降速分配，钻井液流量均匀分布在整个滤带宽度上，在负压气流和辅助微震机构的共同作用下，钻井液穿透滤网被吸入吸盘口，而岩屑则留在滤带的顶部，并被输送到负压振动筛的末端，排放到岩屑槽，小部分黏附在滤带上并旋转至振动筛底部，掉落的岩屑也被刮削系统推入岩屑槽。流入吸盘斗的泥浆被引导至空气分离器，在那里泥浆流过二级滤网，然后通过气流锁向下流去泥浆出口。履带式负压振动筛固液分离过程如图9-20所示。

图9-20 履带式负压振动筛固液分离图

9.2.4 负压振动筛的特点

与传统固液分离手段对比，履带式负压振动筛采用封闭式固控系统有效提高了固体清除效率，减少了钻井液损耗，最大限度地减少了废物量，并保持钻井液完整性能，可替代泥浆振动筛、除泥器、离心机等传统固控设备。履带式负压振动筛特点如下：

（1）全面集成固控设备和泥浆处理系统，可提高分离效率，减少50%的钻井液损耗，减少钻井废弃物总量30%~40%，并保持钻井液完整性能，提高机械钻速5%~10%，经济性好。

（2）全密封结构、无高强度振动、噪声低、无有害气体和水、油雾排放，作业环境改善。

（3）集成冷却模块，泥浆循环温度低，无须额外配备泥浆冷却系统．

（4）独创气刀清洁滤带，可有效解决泥浆筛孔堵塞，全面适用于油基和水基泥浆。

（5）采用微振动技术，由压缩空气激发振动系统，有助于在复杂(大直径井眼、高聚合物泥浆或筛网目数较大)情况下确保钻井岩屑的固液最大程度地分离，达到单次通过的最佳过滤效果。

（6）可替代目前固控系统中的振动筛、除砂器、除泥器、离心机等设备，简化泥浆处理流程，减少井场占地面积和设备投入。

（7）过滤带结构简单、筛网损耗低。可按需要调节速度，筛网目数符合API 13C规范。

（8）可配备智能检测系统，实时监控振动筛运行情况和筛网故障。

（9）设备操作和养护简单高效、生产效率高、非生产时间减少。

9.3 钻井液助剂自动破袋添加装置

9.3.1 钻井液助剂自动破袋添加装置用途

钻井施工过程中，钻井液助剂一般是袋装或桶装，在施工现场还是靠人力搬运和添加，存在诸多隐患。一是靠人工添加破袋不但费时费力，而且粉状制剂易被吸入人体内，严重影响钻井液工的身体健康；二是人工添加不均匀，造成钻井液助剂不同程度的沉淀；三是野外作业，粉状助剂添加受天气影响很大，很容易对环境造成污染。钻井液助剂自动破袋与上料装置很好地解决了这些问题。

9.3.2 钻井液助剂自动破袋添加装置组成

该装置主要由自动上料机构、自动破袋自动分离结构、自动混拌机构、显示与控制机构等部分组成。装置总体外形如图9-21所示。

9.3.2.1 自动上料机构

自动上料机构用于将钻井液助剂从存放地运送到自动破袋分离机构处，分为机械手和传送带两部分，其工作流程为：机械手将成袋助剂抓起后放到传送带输送到自动破袋分离机构处。其外形如图 9-22 所示。

图 9-21　钻井液助剂自动破袋添加装置外形图

图 9-22　自动上料机构

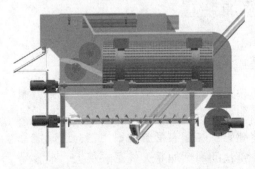

图 9-23　自动破袋分离机构

9.3.2.2　自动破袋自动分离机构

该机构包括壳体、滚筒、刀片总成、减速电机、震动电机、振动筛、螺旋送料装置组成，如图 9-23 所示。

在壳体的上部内设有滚筒、刀片总成和振动筛，滚筒为电滚筒，由多个滚筒组合在一起，袋装钻井液助剂通过多个滚筒输送到壳体里；通过刀片总成，料袋被割开，粉末状助剂滑落到刀片总成下部的振动筛上，在振动筛的作用下，粉料与包装袋分离进入容器内，通过螺旋送料装置输送到混拌装置。螺旋送料装置由料筒、螺旋和螺旋送料调速电机组成，料筒下部有进料口，上部有出料口，进料口与壳体的下部相连，螺旋装在料筒内孔里，螺旋送料调速电机装在料筒的下部，螺旋送料装置出料口搭在混拌装置的上口。

9.3.2.3　自动混拌机构

自动混拌机构与螺旋送料装置出料口相连，其作用是使粉状药品与罐内钻井液在旋流漏斗内充分混拌，并通过罐内的搅拌机搅拌进行充分的水解。

9.3.2.4　显示与控制机构

显示与控制机构包括电路控制和钻井液性能在线监测系统。因泥浆罐属于防爆区域，该机构采用符合 GB 3836《爆炸性环境》的防爆电器。其中控制电路属于电动机控制中心，用于控制各路电机的启停；钻井液性能在线监测系统提供了一种测量数据准确、可用于现场钻井液的流变性自动化在线测量的装置，该系统与控制电路配合使用，能够实现定量准确添加，避免钻井液材料的浪费。

9.3.3　推广意义

该装置自动化程度高、操作简单方便、效率高；袋装钻井液处理剂材料自动装卸、自动排放、自动抓取、自动破袋和密闭输送，无须人工搬运和手工刀片割袋，直接倾倒到钻井液固控循环罐中，大大降低了工人的劳动强度；全过程密闭操作，实现了无尘化作业，将粉尘对人体与环境的危害降至最低，满足健康、安全、环保要求；实时在线自动测量钻井液性能装置克服了人工测量、人工计算不具有实时性的问题；通过计量控制实现定量准确添加，避免了钻井液材料的浪费。该装置的发明具有巨大的社会效益和经济效益，为石油装备自动化的进一步提高提供了强有力的技术支撑。

9.4　无线声光报警器

9.4.1　无线声光报警器用途

无线声光报警器适用于油气开发施工等工矿企业作业现场的硫化氢、井控、火灾综合报警设备，无线声光报警器由井场主机、营地主机、辅机、火灾探头、硫化氢探测器、声光报警灯构成，它能够依托相关区域各类型探测器在发生硫化氢泄漏、井喷失控、火灾等危险情况时，系统自动或通过手动激活报警，报警信号将同步传达到各个报警终端，所有报警终端对应颜色的报警灯会闪烁，同时发出相对应的警报声音，提示区域内人员采取恰当的救护、抢险措施，或按预案撤离。

9.4.2　无线声光报警器技术参数

工作电压：AC110V～240V；

额定电流：主机<100mA　辅机<30mA；

电源频率：50/60Hz；

报警响度：>110dB；

通讯距离：空旷环境>5km。

9.4.3 无线声光报警器的功能

主机操作面板上有三个用于报警控制的三位旋钮，即硫化氢报警旋钮、井控报警旋钮，火灾报警旋钮。顺时针为启动报警，中间位置为停止状态，逆时针为自动模式。

主机与辅机上均设有三个报警指示灯，分为硫化氢警报、井控警报、火灾警报，报警喇叭可以发出三种对应报警类型的声音。当主机某一报警类型警报启动后，主机与辅机的对应报警灯及报警声音会立即启动。警报消除后，主机与辅机同步关闭报警，恢复正常状态。

硫化氢报警：当主机硫化氢报警旋钮置于启动位置，可启动全部辅机的报警。将主机硫化氢报警旋钮置于停止位置，硫化氢报警停止。当主机硫化氢报警旋钮置于自动位置，外部硫化氢探测设备可自动启动全部辅机报警。

井控报警：当主机井控旋钮置于启动位置，可启动全部辅机的报警。将主机井控旋钮置于停止位置，井控报警停止。将主机井控旋钮置于自动位置，可接驳外部控制启动报警。

火灾报警：当主机火灾报警旋钮置于启动位置，可手动启动全部辅机的报警。将主机火灾报警旋钮置于单点或连锁位置，可关闭手动启动火灾的报警。当主机火灾报警旋钮保持在单点位置，网络内某火灾探头激活报警时，将启动该探头所属的辅机报警及主机报警，主机同时显示该探头实际地址。

主机连锁：当主机火灾报警旋钮保持在连锁位置，网络内某火灾探头激活报警时，将启动所有的辅机报警及主机报警，主机同时显示该探头实际地址。

无线通信：系统所有单元均为无线自组网络、加密传输方式，通信距离远，工作可靠。

智能故障诊断：具有通讯自诊断功能，当出现通讯失败、未接通电源、探头错误等情况，均会给出检修提示信息。

双电源供电：无线声光报警器既可由外部电源供电，也可使用内置锂电，内置锂电最长可工作24h。

9.5 二层台防刮碰装置

9.5.1 二层台防刮碰装置目的

顶驱装置因其能在起下钻时随时开泵循环、进行长距离划眼倒划眼等优势，近年来在钻井生产中得到了广泛应用。然而，由于顶驱制造商和井架主体制造商在设计时缺乏沟通，造成了顶驱吊环前倾到一定角度时和井架二层台干涉的现象。该现象是钻井安全生产中的巨大隐患：在钻进接立柱和起下钻过程中，需要在二层台附近频繁操作吊环前倾、后倾、浮动功能，一旦出现误操作，将发生如二层台损坏、井架工跌落的设备损坏和人身伤亡事故。一种情况如下：顶驱位置在二层台以下位置，顶驱吊环由于工况处于前倾或者后倾，吊环液缸带着吊环和吊卡处于伸出状态，此时司钻操作绞车，上提游车，顶驱上行，到了二层台附近，忘记按下顶驱吊环浮动按钮，收回顶驱吊环液缸和吊环，继续上提游车，顶驱吊环带动钻具吊卡，会上碰二层台；另一种情况如下：顶驱在二层台以上位置，顶驱吊环处于前倾或者后倾，吊环液缸带着吊环和吊卡处于伸出状态，此时司钻操作绞车，下放游车，顶驱下行，顶驱吊环带动钻具吊卡，会下砸二层台。二层台防剐蹭装置的目的，就是在无法改变井架和顶驱主体结构的前提下，通过技术手段，避免上碰下砸的发生。

9.5.2　二层台防刮碰装置原理

目前主流的二层台防刮碰装置分为接近开关型和编码器型两种。

9.5.2.1　接近开关型二层台防刮碰装置

接近开关型二层台防刮碰装置采用红外线接近开关传感器来确定顶驱吊卡的上限位和下限位，并从司钻操作台采集前倾、后倾和浮动信号。

当顶驱上行时，如果收到顶驱吊环浮动开关产生的信号，系统不动作，顶驱可以在井架全高度范围内自由上下运动；当收到顶驱吊环前倾或者后倾开关产生的信号，吊环液缸和吊环处于伸出状态，并且顶驱上行到下限位位置，就会触发红外线接近开关传感器，输出刹车信号，实现防止顶驱吊环和吊卡上碰二层台的功能。此时司钻启动顶驱浮动开关，吊环以及吊卡收回，将自动解除刹车信号，司钻可以继续上提游车和顶驱，完成下一步的工况作业。

当顶驱下行时，如果收到顶驱吊环浮动开关产生的信号，系统不动作，顶驱可以在井架全高度范围内自由上下运动；当顶驱从高于二层台位置下行，如果收到顶驱吊环前倾或者后倾开关的信号，吊环液压和吊环伸出，吊卡接近二层台的上限位位置，就会触发红外线接近开关传感器，输出刹车信号，实现防止顶驱吊环和吊卡下砸二层台的功能。此时司钻启动顶驱浮动开关，吊环以及吊卡收回，将自动解除刹车信号，司钻可以继续上提游车和顶驱，完成下一步的工况作业。

在刹车信号输出时，如果需要小范围活动顶驱，可以按下旁路开关，此时刹车信号被屏蔽，系统发出声光报警信号。在操作完成后需复位旁路开关以恢复二层台防刮碰功能。

此系统控制精度高，且无须安装价格昂贵的滚筒编码器，但是接线较为复杂。

9.5.2.2　编码器型二层台防刮碰装置

编码器型二层台防刮碰装置与接近开关型防刮碰装置的区别在于使用滚筒编码器对游车顶驱所处高度进行实时计算，并通过与系统确定的上限位和下限位进行对比来预防上碰下砸。其基本工作原理类似于游车的电子防碰系统。

编码器型二层台防刮碰装置接线较接近开关型防刮碰装置简单，但是控制精度较低。近年来，为满足精准操控的要求，在编码器型二层台防刮碰装置的基础上研发出了钻井顶驱吊环倾斜角度检测装置。该装置创造性将吊环倾斜角度同倾斜开关的操作时间对应起来，计算出对应吊环角度，并传递给二层台防护装置或游车防下砸装置作为判断依据。在司钻进行吊环倾斜操作时，顶驱吊环倾斜角度检测装置通过识别司钻操作的信号类型及操作时长，即可计算出顶驱吊环的当前倾斜角度，达到准确防护的目的，其电路原理框图如图9-24所示。

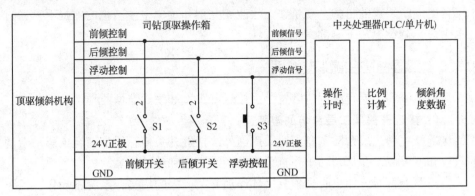

图9-24　钻井顶驱吊环倾斜角度检测装置电路原理框图

9.5.3　防刮碰装置应用

对于全数字交流变频钻机及近几年生产的直流电动钻机，可在电控程序内对游车高度测量系统和防碰系统进行改造，添加二层台防刮碰功能程序段。

对于机械钻机和大部分直流电动钻机，在电控软件增加二层台防刮碰功能程序段的同时，还需要在硬件上增加滚筒编码器以实现对游车顶驱高度的计算，此外还需要增加电控气开关以实现防碰信号对盘刹的控制。

9.6　钻具丝扣清洗装置

9.6.1　背景技术

在石油钻井施工中，钻杆是施工的重要组成部分，钻杆把地面驱动装置的动力传递到井底，高压钻井液通过钻杆内部输送到井底，清洗钻头切削循环出的地层岩屑。钻杆由钻杆丝扣、钻杆接头、钻杆本体三部分构成，钻杆在下井前必须对钻杆丝扣、接头台阶进行认真清洗和检查。清洗检查完好后的钻杆，通过猫道、悬吊系统、液气大钳把钻杆接起来下入井内。钻井施工过程中，钻杆既要承受较大的扭矩、弯矩和拉伸作用，又要承受高温高压钻井液的侵蚀，钻杆丝扣和接头台阶必须保障完好密封，钻杆丝扣的清洗检查管理工作尤为重要。

现有技术中，钻杆丝扣的清洗检查工作是人工先用钢丝刷对钻杆丝扣进行清理；钢丝刷清理完毕后，工人提柴油桶用柴油棉纱对清理完的丝扣进行清洗，柴油棉纱反复在柴油桶内使用，柴油很快就会被污染，使用被污染的柴油和棉纱继续清洗钻杆丝扣，效果会变得非常差。钻杆丝扣清洗不干净将直接影响钻杆质量，存在质量问题的钻杆下入井内会带来较大的安全隐患；柴油具有麻醉和刺激作用，人员长期接触柴油及柴油蒸汽，会产生接触性皮炎、吸入性肺炎、中毒性脑病等疾病，引发职业健康危害；开放式清洗极易造成油污外溢，对施工现场环境有一定影响。使用钻具丝扣清洗装置代替人工清洗，很好地解决了上述问题。

9.6.2　钻具丝扣清洗装置组成

钻具丝扣清洗装置主要由控制箱、油箱和刷头组成。

9.6.2.1　刷头

刷头部分由刷架、钢丝刷、支座、旋转轴、直流电机、罩壳等组成。罩壳安装有进、回油管，刷架和刷子通过旋转轴由电机带动旋转。复合金属丝刷旋转清刷的同时，喷入刷头中的溶剂对丝扣进行进一步的清洗，刷洗结合，既提高了管柱清洗质量，又提高了管柱清洗的效率，平均每根仅需要20s。其外形如图9-25所示。

9.6.2.2　油箱

油箱上设有供油箱和过滤箱，供油箱底部安装有输油泵，通过供油管给刷头供油，刷子在旋转的过程中，刷、洗同时进行，刷洗后的油污通过回油管，流到过滤箱。该设计使得柴油在一个封闭的空间内循环，避免了油污外溢的风险。其外形如图9-26所示。

图9-25　钻具清洗装置刷头　　　　　　　图9-26　油污过滤箱

9.6.3　钻具丝扣清洗装置安装及使用

根据钻具清洗装置的安装方式不同，分为履带式钻具清洗装置和全自动钻具清洗方式。

9.6.3.1　履带式钻具丝扣清洗装置

履带式钻具丝扣清洗装置由履带机、控制箱、油箱、助力臂部分、刷头部分组成。履带机上安装有油箱，油箱内设有过滤仓，油箱上安装了清洗油泵电机，油箱出油口设置在清洗油泵电机一侧，油箱回油口安装在油箱过滤仓一侧；控制箱安装在履带机前端，控制箱的电源由履带机提供，内有清洗油泵电机和清洗刷驱动电机的联动控制装置；助力臂部分包括助力臂旋转台、助力臂、助力杆，助力臂旋转台是助力臂与助力杆的安装平台，上部安装助力臂的两根杆件，下部安装助力杆的支座。履带式钻具清洗装置外形如图 9-27 所示。

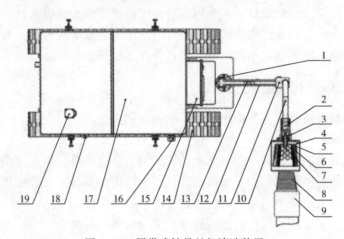

图 9-27　履带式钻具丝扣清洗装置

1—助力臂旋转台；2—清洗刷驱动电机；3—清洗刷进油口；4—清洗刷外筒；

5—清洗刷桶；6—清洗刷；7—回油口；8—钻杆丝扣；9—钻杆接头；10—刷柄；

11—刷柄旋转台；12—助力臂；13—助力杆；14—履带机；15—控制箱；

16—油箱回油口；17—油箱；18—油箱出油口；19—清洗油泵电机

使用时，一人携带着遥控器，遥控履带机与摆放的钻杆丝扣平行，使钻杆丝扣清洗装置靠近待清洗的钻杆丝扣，清洗钻杆公扣时采用刷公扣装配体作为刷头部分，清洗母扣时采用刷母扣装配体作为刷头部分；手握刷柄，压下助力臂，助力杆弹簧受压缩，控制刷头部分与待清洗钻杆丝扣保持在同一水平面，推动刷柄，助力臂旋转台与刷柄旋转台相对转动使刷头总成对正钻杆丝扣，将清洗刷筒推到钻杆丝扣表面，清洗刷外筒的橡胶密封环，密封住钻杆接头外表面，防止清洗钻杆丝扣的油污甩出；按动刷柄电机控制开关，清洗油泵电机与清洗刷驱动电机一同旋转，清洗刷驱动电机驱动清洗刷筒，清洗刷对钻杆丝扣和公扣根部或母扣端部的接头台阶面进行清理，清洗油泵电机将柴油经油箱出油口泵送至清洗刷进油口，喷射到清洗刷筒内，清洁的柴油清洗钻杆丝扣和接头台阶面，清洗完钻杆丝扣的油污甩到清洗刷外筒的内壁上，经清洗刷外筒下部的回油口流回油箱回油口，柴油过滤后进入油箱，清洗油泵电机将过滤后的柴油不断泵送到钻杆丝扣和接头台阶面进行封闭循环清洗；清洗完毕后，松开刷柄电机控制开关，手握刷柄退出钻杆丝扣，清洗下一根钻杆丝扣。

9.6.3.2　全自动钻具丝扣清洗装置

全自动钻具丝扣清洗装置主要由支架、油箱、导轨、导轨行走电机、供油泵、刷头、驱动电机、防溅罩壳、防爆控制箱等组成，控制部分由红外线传感器、磁性接近开关、碰触开关，PLC 控制系统、继电器、触摸屏等设备组成。其外形如图 9-28 所示。

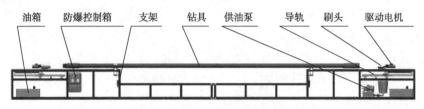

油箱　防爆控制箱　支架　钻具　供油泵　导轨　刷头　驱动电机

图 9-28　全自动钻具丝扣清洗装置

全自动钻具清洗装置需要与自动猫道配合使用，分别固定在自动猫道的前、后端，管架上的钻具经过活动支架，在"V"槽里定位。系统检测到钻具后，两端刷洗装置在驱动电机的作用下沿导轨滑向钻具接头，同时对公母扣实施刷洗。自动清洗装置上安装有红外线传感器，可以自动控制记录钻具的长度。在使用时可以通过 PLC 自动控制整个刷洗过程，也可以通过遥控器操作，触摸屏自动显示。其安装方式如图 9-29 所示。

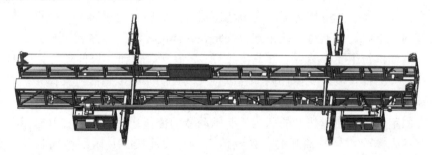

图 9-29　全自动钻具丝扣清洗装置安装方式

9.7　套管通径机器人

9.7.1　背景技术

按照 API《套管和油管规范 API-SPECIFICATION 5CT 第 9 版》标准和 SY/T 5396—2012《石油套管现场检验、运输与贮存》石油行业标准以及 GB/T 20656—2006《石油天然气工业　新套管、油管和平端钻杆现场检验》国家标准，套管入井前要对其进行现场通径检测，也就是在钻井现场下套管前对套管进行变形或是否有异物检测时，需要将标准规定的通径规在套管内部通过，以检测套管本体是否变形，以及套管内是否有异物堵塞，保证下入井内的套管质量。现场通径操作一般使用以下方法：一是在简易的哑铃式通径规的前部连接细钢丝绳，一人先将钢丝绳穿过套管，然后另一人在套管另一端拉钢丝绳，通过钢丝绳牵引通径规通过套管；二是使用压缩空气做气源，将简易的哑铃式通径规放入套管，利用气动力推动通径规行走进行通径；三是在简易哑铃式通径规的后面连接细铁管，用细铁管推动通径规通过套管，然后还得再将通径规原路抽回，细铁管要比套管还要长。三种方法都存在不同的弊端：按照标准，哑铃式通径规不符合圆柱式通井规的规定；第一种和第三种通径方法自动化程度低，费时费力，劳动强度大，效率低下；使用压缩空气的方法存在较大的安全隐患，2016 年某油田曾经出现过操作人员伤亡事故。针对这些问题，研制了一种自动化程度高、工作效率高、安全可靠的石油套管检测装置，即套管通径机器人。

9.7.2 套管通径机器人结构

套管通径机器人由壳体、内径规环、电源、电源开关、电线束、控制器、驱动电机、驱动臂、驱动轴、扭簧、固定轴、光电传感器、光电传感器开关、支撑装置、支撑轮、支撑杆、伸缩杆、芯轴、芯轴开关等部件构成。

内径规环分为 2 片，呈半圆柱形，居中安装在壳体上，可根据套管内径不同更换不同厚度的内径规环；电源为高容量锂电池，为套管内径检测装置提供长效的动力；控制器、光电传感器、光电传感器开关、驱动电机通过电线束连接固定在壳体内；电源开关通过电线束连接固定在壳体的一端；支撑装置分为 2 组设置在壳体两端，每组支撑装置有 3 只支撑杆、3 只支撑轮和 3 只伸缩杆，呈 120°均匀分布；伸缩杆安装在支撑杆内，可以打开或关闭光电传感器；支撑轮设置在伸缩杆顶端，通过伸缩杆附着在套管壁上；驱动电机与驱动臂、驱动轴连接；扭簧固定在固定轴上，通过扭簧的张力控制驱动臂的位移，使其附着在套管壁上；芯轴固定在壳体内，与芯轴开关、光电传感器开关连接。其内部结构和外形如图9-30 和图 9-31 所示。

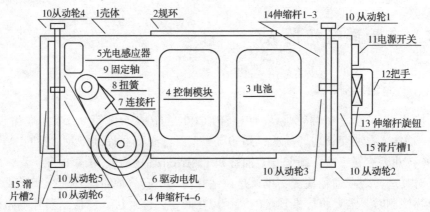

图 9-30 套管通径机器人内部构造

图 9-31 套管通径机器人外形

9.7.3 套管通径机器人工作方式

打开电源，同时打开芯轴开关，伸缩杆缩回，连接在伸缩杆上的光电传感器开关同时打开，套管内径检测装置上的支撑装置通过伸缩杆弹性使支撑轮附着在套管壁上，驱动电机向下附着在套管壁上，通过电源、控制器、光电传感器、光电传感器开关发出信号，控制器控制驱动电机旋转，旋转的驱动电机带动支撑轮旋转，使套管内径检测装置在套管内向前运行，当套管内径检测装置到达套管另一端时，通过伸缩杆的弹性伸出，使控制光电传感器开关关闭，光电传感器向控制器发出停止信号，使套管内径检测装置停止运行。当套管内径变形或有异物导致遇阻时，套管内径检测装置的驱动电机旋转阻力增大，同时驱动电机电流也增大，超过设定值时，通过控制器控制驱动电机翻转，套管内径检测装置返回，并标识该套管不能下井使用。

9.7.4 套管通径机器人技术参数

装置整体质量：6.5kg；

规格：长度 400mm，直径 120mm，壁厚 10mm（139mm 套管）；

通径套管范围：139.7~177.8mm，13 种不同壁厚套管；

电机直径（含胶轮）：83mm；

电机长度（含胶轮）：50mm；

运行速度：每根 8~12s；

功率：260W；

电压范围：24~36V；

转速范围：2000~2600r/min；

额定电压：24V；

最大电流：10A；

空载转速：2500r/min；

空载电流：0.9A；

扭矩：1~2N/m；

续航能力：5000m（夏季），4000m（冬季）。

9.7.5 套管通径机器人应用前景

套管通径机器人对套管内径检测更加准确，克服了现有套管内径检测时存在的安全隐患以及工作效率低下的问题，可以避免发生人身安全事故，减轻工人的劳动强度，显著提高工作效率，具有良好的经济效益和社会效益，目前已在国内中石油中石化钻井系统内部使用 60 余套，未发现技术性缺陷，具有进一步推广使用的价值。

参 考 文 献

[1] 陈志礼. 塔里木油田工区 ZJ70 钻机钻井液固控与不落地一体化配套方案设计[J]. 石化技术，2019，10：163-164.

[2] 李亚伟. 南疆油区泥浆不落地的应用与工艺分析[J]. 石化技术，2019，7：81-82.

[3] 李亚伟. 压滤机在钻井液固相控制中的应用[J]. 中国科技投资，2019，8：50-51. [1]尚诗贤，张培军，王春喜. 立式交流异步顶驱电机：CN，200710062219[P]. 2007-10-06.

[4] 董怀荣，李宗清，夏晔等. 胜利油田钻井液固液分离用絮凝剂的优选实验及相关分析[J]. 西部探矿工程，2018，7：62-65.

[5] 李广环，吴文茹，黄达全，等. 废弃水基钻井液用新型破胶絮凝剂的研制与应用[J]. 钻井液与完井液，2015，32(5)：46-48.

[6] 王洪运，秦绪平. 阳离子聚丙烯酰胺微胶乳与污泥脱水[M]. 北京：化学工业出版社，2003.

[7] 李丽，刘洪斌，杨献平，等. 固液分离机中岩屑颗粒沉降规律研究[J]. 天然气工业，2005，25(11)：62-65.

[8] 张吉平，刘会斌，王联合，等. 钻井液助剂自动破袋添加装置：CN，203978345U[P]. 2014.

[9] 刘保双，李公让，王传富，等. 钻井液流变性在线测量装置：CN，103573199A[P].

[10] 孟晓东，张长印，刘明星，等. 一种钻井施工现场用无线报警装置：CN，105389908A[P].

[11] 马进虎，刘启超，张世森，等. 二层台防碰系统在石油钻井中的运用[J]. 石油石化物资采购，2021(13)：2.

[12] 孟晓东，李联中，朱长林，等. 一种钻井顶驱吊环倾斜角度检测装置及方法：CN，202010789817. 7[P]. 2020-08-07.

[13] 张吉平，孙长征，潘跃明，等. 一种钻杆丝扣清洗装置及方法：CN，107774629A[P]. 2018.

[14] 王洪臣，杨东，张吉平，等. 一种石油套管内径检测装置：CN，207763677U[P]. 2018.

[15] 王志国. 超级电容储能技术在网电修井机中的应用[J]. 石油机械，2015，43(5)：3.

[16] 张吉平，梁茂典，乔建华，等. 石油钻井超级电容储能型装置设计方案研究[J]. 石油和化工节能，2021(4)：6.